服装设计效果图表现技法

表现技法

手绘+电脑绘步骤详解

鑫玥 著

U0221027

化学工业出版社

·北京·

内 容 简 介

本书主要讲解手绘铅笔线稿搭配电脑上色的方式绘画服装效果图，主要运用的作图工具有：铅笔、Photoshop软件和手绘板等。这不是绘画服装效果图的唯一方式，但却是一种更具表现力且更便于塑造各种绘画风格的方式。

本书介绍了成衣设计、高级定制服装设计和舞台服装设计的效果图绘画技法。这三种服装设计既有一定的相通性，又有自身的特点和差异性，因此在服装效果图的表现形式和绘画深度方面也有所区别。在讲解绘画服装效果图之前也会从这三个方面入手，先对三种服装设计师进行简单的介绍。这样有利于帮助刚进入服装行业或想要转型的服装设计师对服装行业有一个更全面的认识，从而在前期便开始思考并绘制出更具特色且准确的服装效果图。

图书在版编目（CIP）数据

服装设计效果图表现技法：手绘＋电脑绘步骤详解 /
鑫玥著. — 北京：化学工业出版社，2021.12（2025.1重印）
ISBN 978-7-122-39999-1

Ⅰ. ①服… Ⅱ. ①鑫… Ⅲ. ①服装设计－绘画技法－
高等学校－教材 Ⅳ. ①TS941.28

中国版本图书馆 CIP 数据核字（2021）第 200529 号

责任编辑：李彦玲　　　　文字编辑：李　曦　　　　美术编辑：王晓宇
责任校对：杜杏然　　　　装帧设计：水长流文化

出版发行：化学工业出版社（北京市东城区青年湖南街13号　邮政编码100011）
印　　装：北京宝隆世纪印刷有限公司
889mm×1194mm　1/16　印张16¾　字数459千字　2025年1月北京第1版第2次印刷

购书咨询：010-64518888　　　　　　　　售后服务：010-64518899
网　　址：http://www.cip.com.cn
凡购买本书，如有缺损质量问题，本社销售中心负责调换。

定　　价：118.00元

前言

可以"画完"一张效果图不等于"会画"，并不是每个服装设计师都会画服装效果图。这是真的。这也是这本书诞生的原因。

作为服装设计师，我们通常需要掌握几种常见设计图的绘画方法：设计草图、服装效果图、服装款式图和服装插画。而服装效果图是最常用到的一种设计图，因此教会读者画服装效果图是本书的重点。四种设计图既有各自的特点，同时也有一定的关联性。按照顺序画下来，更像是在诠释服装设计师的思考过程，层层递进并最终完善设计师的设计想法。

服装效果图通常用于：记录设计想法、与版师沟通设计细节、与客户洽谈设计理念、与CEO或投资人汇报设计计划、参与竞标项目，或者是品牌宣传等。所以服装效果图对于服装设计师而言尤为重要，这种重要的程度如同设计师会不会穿衣服。"以效果图取设计师"如同"以貌取人"，看到效果图的第一个瞬间，就如同看到了设计师的能力，这会直接影响到观者对设计师水平的判断。因此，学会画服装效果图是成为服装设计师的基础，这也是为什么会出这本书的另一个原因。

还有一个原因是，我在服装设计行业从业十多年，积攒了较多经验，很愿意分享给大家。我最初做戏剧影视服装设计，后转为高级定制服装设计，现在主要做高级成衣设计。很多人会说都是服装设计师，是不是效果图都一样？其实差距非常大。这种差别主要体现在表现形式上，因此我也想通过这本书，帮助服装设计初学者初步了解行业内的区别，另外帮助不太知道如何在不同服装领域表现自己的设计师，学会更好地呈现设计想法。

最后，感谢在这本书的创作过程中，曾为我提供了灵感和建议的老师及设计前辈们，也由衷感谢在本书编辑出版过程中一直帮助我的编辑老师。同时还希望本书可以帮助更多想要学习服装效果图绘画的设计师，希望本书可以帮助大家掌握到有用的职业知识和绘画知识。

鑫玥

2021年8月

Chapter *01*

手绘线稿
基础运用方向和绘画技法

Chapter *02*

Photoshop常用技法
和上色技巧

Chapter 03

时装设计师
服装效果图技法
——行走的时尚

Chapter 04

高级定制设计师
服装效果图技法
——独一无二的价值体现

Chapter 05

舞台服装设计师
效果图技法
——有灵魂的戏剧人物

Chapter 06

效果图及
插画欣赏

Chapter 01

手绘线稿
基础运用方向
和绘画技法

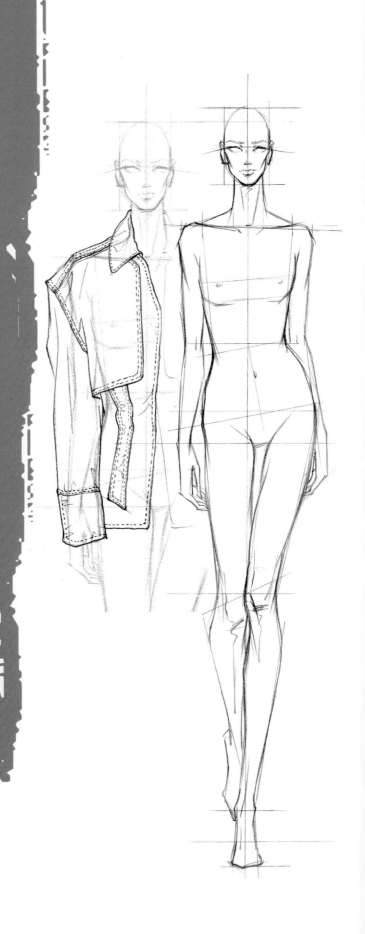

　　在具体讲解绘画方法前，先简单介绍一下线稿会运用在服装设计的哪些方面。

　　手绘是绘画服装效果图的基础，也是做设计最简便、快速的表达方式。服装效果图可以用多种绘画工具去表现，其中最常见的有彩铅、马克笔、水彩颜料和电脑软件等。那么在使用这些工具之前，基础线稿就变得尤为重要，就如同盖一座大楼前要先打好的地基。

　　下面大概介绍一下设计草图、服装效果图、服装款式图和服装插画这四种线稿的特点和运用方向。

1.1 手绘线稿运用方向

1.1.1 设计草图

　　设计草图一般是指设计初始阶段的设计雏形，通常用"线"进行表达，多是思考性质的，一般比较潦草。也有些设计草图是用大色块进行表现，根据个人习惯和专业方向不同，草图也略有差别。服装设计草图主要用来体现设计思路，积少成多后，可以慢慢形成灵感簿。因此建议把设计草图记录在随身携带的本子上，这样一方面避免丢失"好想法"，另一方面也方便于日后的设计工作，可以随时翻阅。

　　当你有一个好想法时，只要身边有一支笔和一张纸，就可以迅速记录下来以防忘记。很多时候它可能只是一个模糊或大概的"感觉"或是"印象"，那么这个时候就需要快速且整体表现和记录下来。如果在这个创作欲望达到最高点的时候，你却在纠结细节，把自己的思维困住，那么你可能就会错失一个创作出好作品的机会。在绘制草图的过程中，你可能会发现自己越来越有想法，因此画设计草图也是为了寻找更多的灵感。这个时候的创作像是在做情绪板，既是灵感来源，也是素材的积攒。往往这个时候是设计成系列作品最好、最快的时机。因此作为设计工作者，最好随身携带速写本，养成随手记录的习惯。

　　画设计草图时不用想得明明白白，而是要尽量快速记下每一个瞬间的想法，想到什么就画什么，慢慢思路就会被打开。草图不一定要表现完整的服装，有时候可能只是一个图案，或者是某个结构，又或者是一种工艺。在草图上，也可以用文字的形式，随时标注一些工艺说明或者好想法。下面用一朵花作为灵感来源，来进行草图展示，展示主要分为三个方向：时装、礼服和舞台服装。创作思路也分为三种。

　　以一张花朵照片为灵感来源：
　　从花中锁定可能成为"灵感"的信息——
　　花瓣是白色、柔软且宽厚的；
　　花蕊是成簇的、小巧的、明黄色；
　　花茎纤细、绿色、连接花苞和花朵。
　　每一个想到的小细节，都有可能成为服装设计的灵感来源。在设计初期，不要想"不可能、不合理、做不出来、不够设计感"，而是单纯地记录下每一个小想法。

草图（时装）

时装方面通常会想到：印花、刺绣、拼接、工艺细节设计等

将元素与成衣面料进行结合

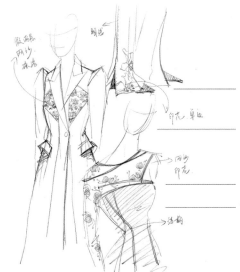

局部的设计想法也可以放大表现，不用非得画清楚

不用详细刻画五官，大体表现出脸的朝向即可

花纹用简洁的线条，表现出大体的意思即可，后期再进行位置或疏密度的调整

面料的拼接和变化可以通过阴影的形式来表现

草图（礼服）

礼服设计中通常会用到：刺绣、珠绣、蕾丝、造花等

将元素与手工进行结合，体现价值感和定制感

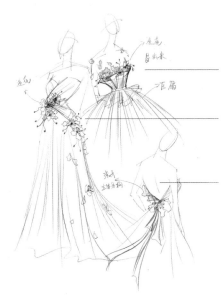

适当用斜线和阴影表现出结构的转折

不用介意线迹之间的重叠，用线的粗细及深浅体现出空间和体积

用简单的线条表现出脊柱

草图（舞台服装）

舞台服装在设计思路上是最大胆且可以"不现实"的

将设计元素放大，与服装结构进行结合是最直接的方式

用草图玩出花样，用效果图落地实现

在设计舞台服装时，头饰设计和服装设计是融为一体的，直接表现出最想要的效果

进行舞台服装设计时，可以把造型尽可能夸张

画草图的时候，不用考虑太多制作问题

制作方法认知的局限，会阻碍好点子的出现

由于个人绘画风格的不同，会出现不同风格的设计草图。总之，设计草图可以表达出大概的设计想法，以及记录出某个瞬间闪现的灵感。虽然设计草图并不是在设计工作中必须要展现给他人看的部分，但是养成记录草图的习惯，会为自己的设计生涯积攒出不少好点子。

1.1.2 服装效果图

服装效果图是从事服装设计工作时必须要掌握的一种效果图，它是可以直接表达出设计思想的一种重要的绘画方法。服装效果图通常以模特人体动态为基础，将设计的服装以绘画的形式表现出来，要尽量表达清楚设计的款式、面料、颜色及材质等。在绘画服装效果图的过程中，也是使自己的设计思路由概念化到逐渐清晰的过程。服装效果图比设计草图更精细，更便于他人理解，更有利于与版师沟通设计想法，是大部分服装公司都会用到的一种设计图。

随着服装行业的发展变化，服装效果图中的艺术性也在不断增加，在满足功能需要的基础上，每个设计师都可以根据自己的绘画特点进行独特的风格性创作。这也是效果图从单纯的功能性到可以辨别品牌风格的一个主要原因，因此画好服装效果图对于品牌的宣传也很有益处。

一般完整的服装效果图可以体现出服装的颜色、款式结构、面料及质感。也有一些比较有自己风格的效果图会在画面中故意留白，舍弃掉不必须上色的部分，从而塑造出一种更有视觉冲击力的效果。还有一些更加完善的效果图，会在设计图旁边附上面料小样和工艺说明。在上色之前，效果图线稿的部分十分重要，它是画好服装效果图的基础。大部分设计师习惯于用铅笔、自动铅笔或者是勾线笔和毛笔等，先勾勒出人体和服装，然后再上色。在本书中，主要为大家介绍的绘画方法是铅笔线稿搭配电脑的绘画形式，因此就只为大家展示一下铅笔绘画出的服装效果图线稿的样图了。

下面从"设计草图"部分里举例的草图中，挑一款进行服装效果图线稿部分的展示。在完善成服装效果图的过程中，可以保留下来草图中的精华部分，或者你认为比较好的地方，并调整你认为不够完美或多余的部分。所以画草图的时候，心理负担不要过重，而是要尽可能发散思维，这样更加有利于设计出优秀的作品。

设计服装的同时考虑配饰
发型搭配服装
袖山调整成抽褶设计

调整为大摆量
加大腰臀差

根据服装搭配合适的鞋

挑选"时装"部分草图作为例子

• 对草图进行分析，找到好的、必须保留的部分
• 对草图其余部分进行"删减"

服装效果图的线稿，不管是细腻干净的风格，还是潇洒帅气的风格，都要尽可能先用线的方式把服装结构表达清楚，这样有助于为后期上色打好基础。手绘线稿也可以留一些辅助线在画面上，这样会显得笔触更加轻松，且充满装饰效果。也可以在铅笔稿之后，用勾线笔勾画一遍，擦掉铅笔稿后再上色。

1.1.3　服装款式图

服装款式图主要用来表现服装的实际结构，以平面的方式和规整的线条进行表现，包含有服装的细节说明。服装款式图通常用于时装成衣类设计公司，比如羽绒服设计、运动服设计、工装设计、连衣裙设计等。

服装款式图与前两种设计图的最大区别是要更"写实"。所谓"写实"主要指的是，去掉人模后只用线的形式表现服装本身，但整体要符合实际人体比例。包括长短、肥瘦、所有破缝线位置和装饰线位置等一系列细节，通常分为正面和背面两面，实线通常表示分割，虚线通常表示缝纫线或者明线装饰。需要特别标注的局部结构，可以用1：1的比例图放大表现，以便结构说明更加清晰。服装款式图要符合实际的人体比例，不可以随意地拉长或去短。通常版师看到服装款式图时，会更加清楚设计师需要的服装款式和工艺细节，对于袖子的长短，衣长与衣身肥瘦的比例等，也都可以有大致的尺寸预测，更有利于服装制版。

根据上一部分服装效果图所绘款式，画出的服装款式图：

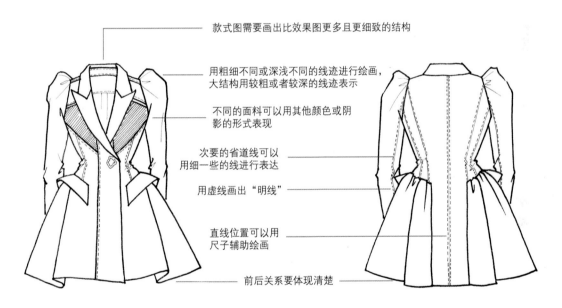

款式图需要画出比效果图更多且更细致的结构

用粗细不同或深浅不同的线迹进行绘画，大结构用较粗或者较深的线迹表示

不同的面料可以用其他颜色或阴影的形式表现

次要的省道线可以用细一些的线进行表达

用虚线画出"明线"

直线位置可以用尺子辅助绘画

前后关系要体现清楚

服装款式图通常分为手绘和电脑绘两种。手绘工具一般为自动铅笔或签字笔，有时候也会借助尺子或复印纸等作为辅助工具，以保证应该笔直、对称和水平的结构没有偏差。电脑软件通常使用CorelDRAW、Photoshop、Adobe illustrator等。由于本书主要介绍的就是手绘结合电脑绘服装效果图，因此在这里就不做过多介绍了。

1.1.4　服装插画

服装插画是这四种绘画中最具有艺术性的一个类别，通常也具有装饰性。服装插画一般不会用于公司研发生产的过程中，大部分用于品牌或个人宣传，或仅仅是一幅绘画作品。如果说服装效果图的表现重点是"服装"，那么在服装插画中，可以弱化"重点表现服装"这件事，而是站在"让整体画面更有视觉效果"的角度去创作。在服装插画中，可以从模特的姿势、构图、颜色、装饰性等角度体现插画感。因此不必非得把服装的每个结构都画得清晰，可以做适当的取舍，有时候甚至可以主要描绘模特的面部而忽略服装本身。

在构图上可以选择大量留白，身型也可以做较为夸张的变化，但要注意符合人体比例和结构关系，变形要合理。

绘画风格从线稿就开始形成，通过上色进行加强。风格不是突然形成的，需要日积月累的学习。在最开始可以选择临摹自己喜欢的设计师的画，从中学习他们的绘画方法和表现技巧。时间久了自然可以找到适合自己的形式，也容易发现自己的优势在哪里，最后才会形成属于自己的风格。

时装插画在构图方面可以更有视觉冲击力

头发可以处理得夸张或有艺术感，处理恰当可以丰富画面

服装插画不需要表现出所有细节，根据自己的绘画感受做调整

在绘画线稿时，适当加入轻松的线条可以让画面更加放松，更有装饰效果

单侧留白，可以为后期上背景色提供更多发挥空间

由于插画具有装饰性，因此可以将人体比例进行夸张处理

1.2 手绘线稿绘画工具介绍

选择好的绘画工具，更有助于增加学习自信心和持久性。并不是说工具选好了就一定会画得很好，但同样的绘画水平，用不同的工具，画出来的效果一定是有偏差的，这就是我们经常说的"技巧"。所以，想要画好一张画的前提，是先选择适合自己的绘画工具。

1.2.1 笔的选择

在手绘服装效果图线稿环节，主要用到的有铅笔、自动铅笔、勾线笔或毛笔。也有部分比较有风格的设计师会用到钢笔或软头钢笔。不同类型的笔画出来的效果图风格不同，要根据效果图的风格选择合适的笔。在本书中我们主要用到的是铅笔和自动铅笔这两种。

铅笔&炭笔

- 铅笔推荐选择软硬适中的，HB至2B为佳，更有利于画出虚实感觉丰富的线条，且不易让画面变花
- 铅笔可以用于画服装效果图、插画及草图
- 画服装效果图一般不建议选择4B以上铅笔，如果铅太软，容易导致画面变脏
- 有些比较有风格的装饰画或者设计草图也可以选择更软的炭笔，但适用于绘画技法比较熟练的设计师

自动铅笔

- 铅芯建议：0.5mm，HB或2B硬度
- 自动铅笔可以用于画服装细节或花纹
- 由于自动铅笔的线迹比较整洁，因此画服装款式图时经常会用到

勾线笔

- 在一张效果图中可以选择多种粗细的勾线笔，通过粗细变化体现画面层次感
- 较细的0.15mm或0.2mm可以用来勾画五官
- 较粗的勾线笔，例如0.5mm～BR的勾线笔可以用于画服装结构
- 不同的面料厚度可以选择不同粗细的笔来表现，厚一些的面料可以选择稍粗的笔芯

钢笔

- 用钢笔画出的线条相对硬朗有节奏，可以体现出书法的韵味，且笔触中也带有力度感

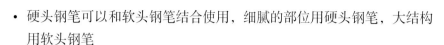

- 硬头钢笔可以和软头钢笔结合使用，细腻的部位用硬头钢笔，大结构用软头钢笔
- 墨水可以根据自己的喜好选择蓝色或者黑色，甚至是任何你需要的颜色

软头钢笔

- 软头钢笔适合想用毛笔，但是绘画基础又不是特别扎实的初学者
- 软头钢笔非常适合表现有风格的效果图或者插画
- 软头钢笔推荐狼毫的，各种粗细大小都可以准备

毛笔

- 毛笔是相对比较传统的绘画工具，更多运用于国画，且相对其他的画笔更不易掌握
- 学习毛笔勾线技巧，可以通过临摹和参考中国画，尤其是工笔画来进行
- 毛笔的粗细变化较为丰富，可以根据个人习惯和基础选择。例如：小叶筋勾画面部或细节，小白云勾画服装款式，大白云用来绘画背景，或用更大的毛笔以泼墨的形式营造一种写意的气氛
- 用毛笔画效果图时，可选择墨汁或者水彩颜料做搭配

1.2.2 纸和本的选择与用途

　　任何一张纸都可以用来绘画，但选择好纸张对于呈现好效果图有非常大的辅助作用。在自己绘制效果图的时候，推荐使用A4 大小或者A3大小的速写本。用本的好处是方便记录思维过程，把画过的每一张效果图集中在一起，可以在未来作为灵感簿使用。一般公司效果图用打印纸绘画的较多，有些服装公司也会有自己的人模样板，打印出人模底图，设计师直接在底图上绘制服装样式。这样可以节约工作时间，另外也便于效果图风格的统一。但是在前期学习画服装效果图时，一定不要偷懒，要尽可能多练习。

纸张

- 打印纸是质感比较细腻的纸，适合用来画款式图和服装效果图
- 素描纸相对粗糙有肌理，更有质感，适合画服装效果图和服装插画
- 用牛皮纸绘画的服装效果图更有风格，可以采用黑色或者白色勾线笔作画
- 黑色卡纸更适合用银色或者白色等较为明亮的笔作画
- 用黑色卡纸画画，绘画风格较强，更适合用于服装插画或作为服装效果图背板，用作装饰

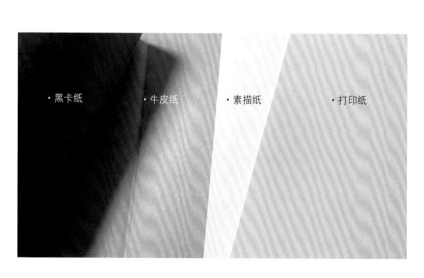

·黑卡纸　　·牛皮纸　　·素描纸　　·打印纸

本

- 速写本使用的纸张通常分为素描纸和打印纸两种
- 尺寸分类很丰富，一般常用A3或者A4
- 分为竖向构图和横向构图两种，推荐购买可以完全翻页的圈装速写本，避免画纸折损

　　学习绘画服装效果图时，不要局限于只使用一种方法，或只使用一种工具进行学习。要多尝试，多体会"手"与"笔和纸"之间的感觉。要通过不断练习，发现更好、更适合自己的绘画方法。当找到了最好的绘图方法时，便可以深入发掘，让"笔和纸"真正成为我们表达设计思想的工具，并做到得心应手。绘画本身就是一项熟能生巧的技术型技能，是一个由浅入深的过程，不要一上来就妄想着成为"绘画大师"，也不要一画不好就轻易放弃，每一个大师都是从不断拿起笔开始的。

1.3 手绘线稿基础绘画技法

　　画服装效果图的第一个步骤是画出模特的身体，然后再把衣服穿在模特身上。任何一张好的服装效果图，都离不开合理的人体结构、肢体动态、肌肉的恰当体现以及正确的表现人与衣服之间的关系等。

　　想要画出正确的人体比例和动态关系这些基础的内容，需要平时多临摹、多写生和多思考。在还没有形成自己的绘画风格前，一定要打好基础。每一个在T台上行走的模特或者在杂志上看到的大片，以及生活中可以看到的"人"的生活状态，都可以成为我们的参考或临摹的对象。把一个好看的动态转化成我们需要的服装语言，也是一个非常实用的学习过程。

　　画好手绘线稿，才能够更好地在电脑上进行下一步绘画。手绘只看手与笔两者之间的关系，而电脑绘图则要看手、笔和电脑三者之间的关系。因此学好手绘，也可以为后面的电脑绘图打好基础。在本节介绍铅笔线稿绘画的环节，会在效果图中加入少量铅笔的明暗调子，这样可以为后期电脑上色时，快速找到明暗关系打好基础。

　　本节铅笔线稿的示范主要分为两个大方向，首先介绍女模特、男模特的头部画法和常见姿态的绘画方法，然后介绍不同质感的面料和配饰如何进行线稿绘画，并在最后示范一张完整的铅笔线稿。

1.3.1 女模特头部各角度画法

　　画好模特的头，可以很好地塑造出效果图的时尚感和高级感。角度不同，五官特点也不同。画女模特时不宜把脸画得过宽，窄长一些的脸更容易给人时尚感。脸型可以稍微圆润但要带有棱角感，眼睛不宜画过大，但细节要表现明确，尽可能全面地画出上下眼皮的结构。颧骨和鼻子是体现面部立体感时非常重要的部位，要注意掌握各种角度下肌肉和骨骼的穿插关系。

女模特头部正面

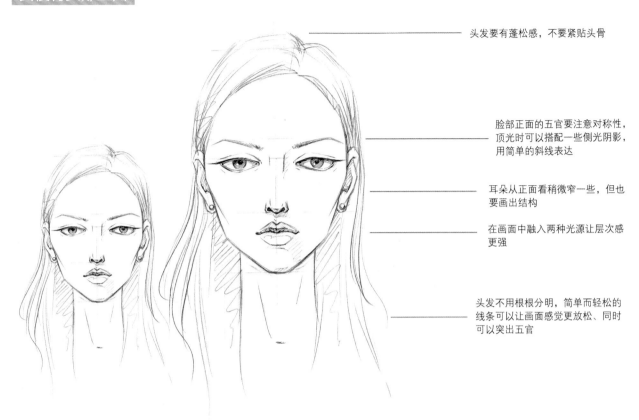

头发要有蓬松感，不要紧贴头骨

脸部正面的五官要注意对称性，顶光时可以搭配一些侧光阴影，用简单的斜线表达

耳朵从正面看稍微窄一些，但也要画出结构

在画面中融入两种光源让层次感更强

头发不用根根分明，简单而轻松的线条可以让画面感觉更放松、同时可以突出五官

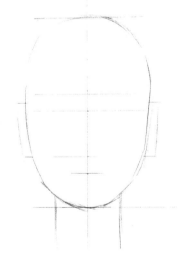

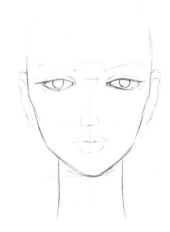

step 01:

• 画正面头部的辅助线
• 面部的1/2为上眼皮的位置，从下往上1/4为鼻子位置，鼻子至下颌上1/3处为嘴中线位置
• 画出耳朵大概位置轮廓，上端位于眉眼之间，下端与鼻翼齐平

step 02:

• 画出五官大概形状
• 眉毛稍挑会显得有精神
• 鼻子稍窄，唇稍微厚一点，可以体现出时尚感
• 颧骨与下颌骨的穿插要明确，可以让脸部更立体

step 03:

• 从眼睛开始刻画五官
• 画出上下眼皮的形状，眼皮的厚度及眼球的位置

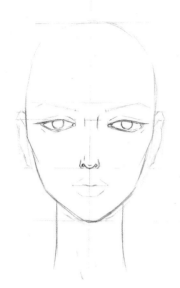

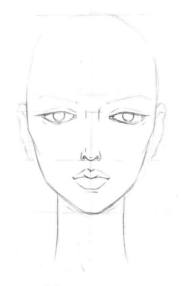

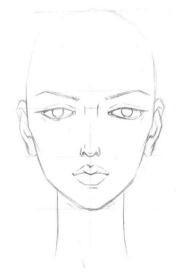

step 04:

- 刻画鼻子
- 先画出鼻梁的位置，再画出鼻头和鼻翼
- 鼻头的高度可以通过简单的线条体现
- 鼻孔的位置也要表现清楚

step 05:

- 画出嘴唇
- 上唇比下唇略窄
- 唇角稍微下压

step 06:

- 画出眉毛的走向，按照正常生长的方向
- 画出耳朵的结构

step 07:

- 画出头发大概轮廓
- 注意头发的蓬松感和厚度，不要紧贴头皮

step 08:

- 详细画出眼部结构及高光位置
- 用斜线的形式大概表示出暗面，简单塑造体积感
- 用笔触的轻重强调结构

step 09:

- 详细画出鼻子结构
- 用斜线表现出鼻子结构的转折与暗面
- 也可以稍微画几笔鼻子的阴影

step 10:

- 画出嘴唇详细的结构及嘴唇与下颌部分的阴影

step 11:

- 详细画出耳朵、眉毛和颈部的细节并添加耳钉

step 12:

- 详细画出头发
- 用斜线表现出大的体面转折

女模特头部侧面

发际线位置的头发要长短不一，使发根看起来比较自然

侧面角度容易将头骨画薄，注意头骨的厚度和耳朵的宽度

两只眼睛的透视关系要遵循近大远小，眼皮的厚度会因角度的变化而发生变化

画头部时要考虑脖子与头部之间的穿插关系，要让头长在脖子上面
用少量斜线表现头部在颈部形成的阴影，塑造出体积感

step 01:

- 画出侧面的辅助线
- 面部的1/2为眼睛上眼皮位置，从下往上1/4处为鼻底的位置，鼻子至下颌上1/3位置为嘴中线
- 画头部的侧面时要考虑后脑勺的厚度

step 02:

- 画出五官的大概形状，用简洁的切面表示
- 注意透视变化

step 03:

- 画出眼睛的线条，注意眼球位置及睫毛
- 注意上下眼睑的厚度和内眼角的透视关系

step 04:

- 画出鼻梁、鼻头、鼻孔和鼻翼
- 画鼻子的时候要一起表现出人中的走向
- 鼻头的厚度可以用简单的短线表示
- 转折位置要有棱角感

step 05:

- 画出嘴唇的结构
- 注意上下嘴唇之间前后的遮挡关系
- 侧面的嘴唇要有透视变化
- 画出下颚和颧骨，颧骨可以只用简单的线条表示

step 06:

- 画出耳朵的详细结构
- 调整颈部与头部的穿插关系
- 画出眉毛的宽度和走向

step 07:

- 用简单而放松的线条表现出头发的整体造型

step 08:

- 详细刻画眼睛
- 画出上下睫毛
- 用阴影简单表现出眼球形状及眼皮厚度

step 09:

- 用阴影表现鼻子的结构
- 详细刻画鼻子及人中
- 简单表现阴影

step 10:

- 详细刻画唇部结构
- 上唇要有一个明显的转折面

step 11:

- 详细画出耳朵的结构，笔触颜色要稍浅于其他五官
- 画出饰品
- 简单表现头部在颈部形成的阴影
- 用线条表现出眉毛的粗细和走向

step 12:

- 进一步刻画头发
- 用简单的线条表现阴影，体现出头发的转折

女模特头部背面

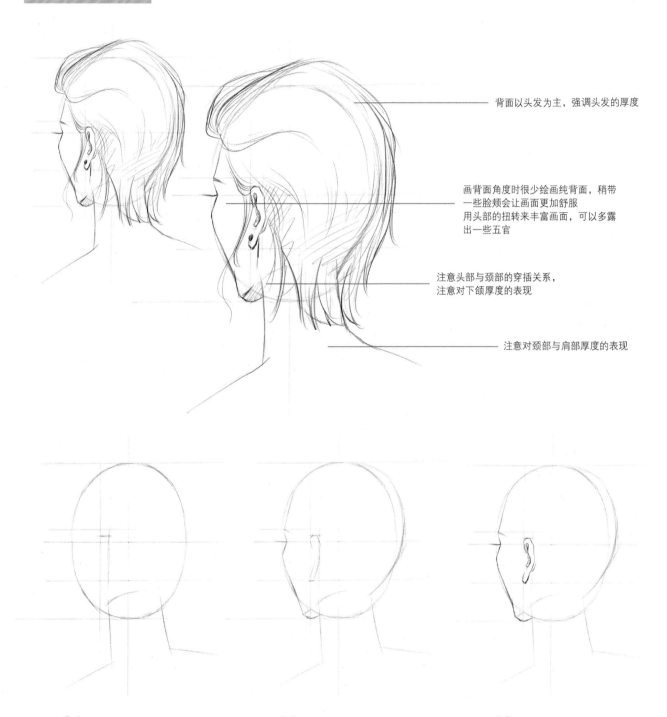

背面以头发为主，强调头发的厚度

画背面角度时很少绘画纯背面，稍带
一些脸颊会让画面更加舒服
用头部的扭转来丰富画面，可以多露
出一些五官

注意头部与颈部的穿插关系，
注意对下颌厚度的表现

注意对颈部与肩部厚度的表现

step 01:

- 画出头部背面的辅助线
- 面部的1/2为上眼皮位置，从下往上1/4处为鼻子的位置，眼睛上方为眉骨的位置
- 画出耳朵的大概位置

step 02:

- 画出后脑勺的厚度
- 用切面的形式画出脸部轮廓、五官位置
- 从头后方观察时，颈部在相对靠前的位置
- 下颌的厚度要表现出来

step 03:

- 背面角度的头部，耳朵是最靠前的
- 详细画出耳朵的结构，注意有可能露出的耳根
- 仔细勾画出脸部结构和会露出的五官部分

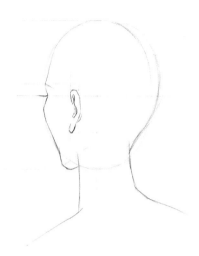
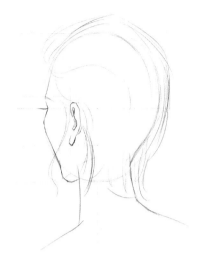
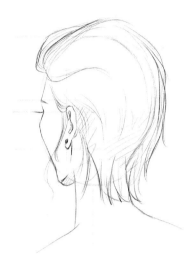

step 04:

- 画清脖子、颈部与头的穿插关系和前后关系

step 05:

- 画出发型大概轮廓
- 注意后颈位置，也要保留头发的厚度

step 06:

- 用简单的斜线表现出整体明暗关系，让头部转折更明确
- 丰富发丝

女模特头部仰视角度

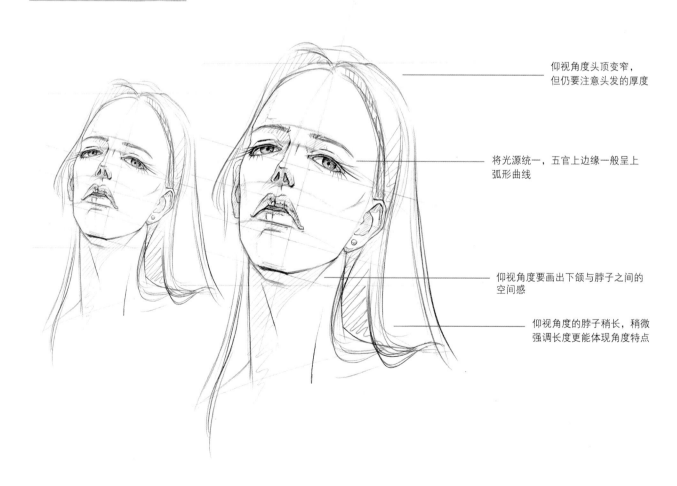

仰视角度头顶变窄，但仍要注意头发的厚度

将光源统一，五官上边缘一般呈上弧形曲线

仰视角度要画出下颌与脖子之间的空间感

仰视角度的脖子稍长，稍微强调长度更能体现角度特点

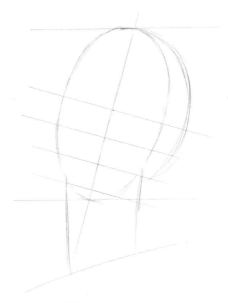

step 01:

- 画一条斜向偏头的辅助线
- 仰视的角度需要提前预留出下颌厚度，注意与颈部的距离
- 从下颌到头顶1/2为眼上部辅助线，从眼睛到下颌上1/3处为鼻子的辅助线
- 画稍微仰视的角度时需要画出后脑勺的厚度

step 02:

- 脸部中线因透视变为一条向左隆起的弧线
- 进一步细化辅助线，在直线辅助线基础上画出透视的弧度
- 眼睛辅助线上为眉毛的辅助线
- 仰视的耳朵要比平视时耳朵的位置下移
- 简单交代出肩斜线

step 03:

- 用直线切面简单画出五官的大概形状和位置
- 鼻子的底面要明确地保留出来，才可以体现出挺拔的感觉
- 所有五官都会因透视角度而产生上弧的变化

step 04:

- 进一步刻画眼睛的具体结构
- 上眼皮的厚度在仰视时一定要表现出来
- 瞳孔位置稍向下移

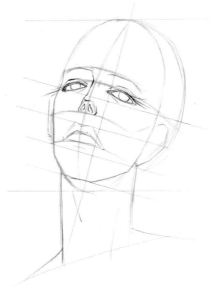

step 05:

- 仰视时的鼻子底部结构会十分清晰，要明确画出鼻孔，注意鼻孔及鼻翼的大小都要符合透视
- 强调鼻头的位置

step 06:

- 嘴唇微微张开，上唇的位置可以稍微上移
- 仰视角度，下唇要挡住部分上唇
- 简单交代出唇部转折面

step 07:

- 详细画出耳朵及眉毛的结构和走向
- 画出脸部、颈部及头发的结构
- 交代出下颌与脖子之间的距离

step 08:

- 细化眼睛结构，用调子简单表现出暗面及瞳孔
- 画出下睫毛，丰富上睫毛，注意睫毛要长短不一

step 09:

- 用斜线简单表现鼻子的暗面及阴影
- 用阴影表现出鼻梁的高度

step 10:

- 统一光源，上唇依然整体处在暗面
- 简单表现出脸部整体的暗面
- 注意下颌骨的厚度

step 11:

- 画出耳朵的暗面，添加耳饰
- 用简单的斜线表现出下颌与颈部的暗面
- 画出颧骨的转折

step 12:

- 进一步调整头发
- 用斜线表现整体的暗面及头发的厚度
- 注意光源的统一

女模特低头状态

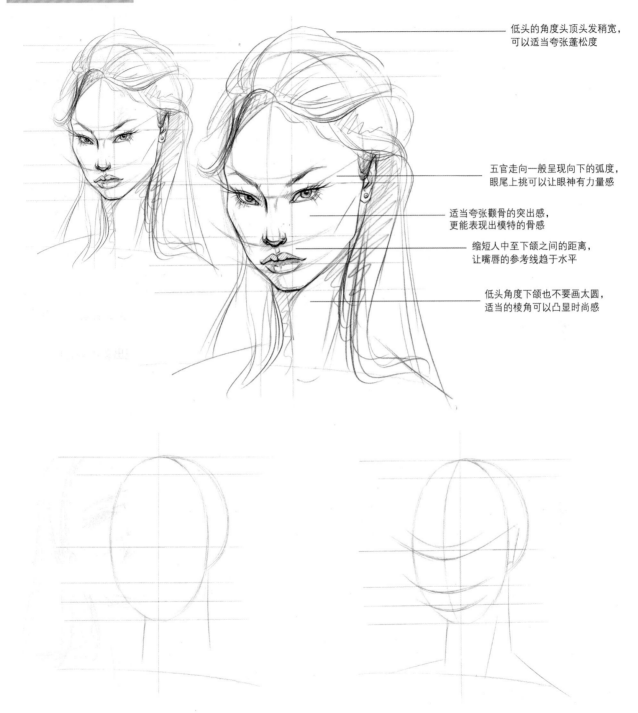

低头的角度头顶头发稍宽，
可以适当夸张蓬松度

五官走向一般呈现向下的弧度，
眼尾上挑可以让眼神有力量感

适当夸张颧骨的突出感，
更能表现出模特的骨感

缩短人中至下颌之间的距离，
让嘴唇的参考线趋于水平

低头角度下颌也不要画太圆，
适当的棱角可以凸显时尚感

step 01:

- 画出头部轮廓的辅助线
- 画低头的这个角度必须提前预留出头顶的厚度
- 头顶至下颌1/2位置为上眼皮的辅助线，上眼皮到下颌1/2位置为鼻子的辅助线，鼻子至下颌1/2处为嘴唇辅助线
- 画侧面角度的头骨要预留出后脑勺部分的厚度

step 02:

- 低头时面部的五官辅助线因透视关系会呈现出向下的弧线
- 眼睛上面一点画出眉毛辅助线
- 低头时耳朵的位置会稍微上移
- 简单交代出脖子及肩部的结构

step 03:

- 用切面的形式画出五官的大概位置及形状
- 画出脸部大概轮廓
- 画出颧骨的大概位置

step 04:

- 详细画出眼睛的结构
- 画低头的角度时要明确交代出下眼皮的厚度
- 外眼角可以稍微上挑，能够让眼部更有神
- 注意眼睛近大远小的透视关系

step 05:

- 详细画出鼻子和鼻梁的结构
- 交代出鼻子的各个转折面

step 06:

- 详细画出嘴唇的结构
- 画出人中的位置

step 07:

- 详细画出眉毛、耳朵及脸部结构
- 调整颧骨的位置，交代穿插关系
- 画出头发的大体走向

step 08:

- 用阴影的形式画出瞳孔及眼睛的暗面
- 刻画上下睫毛

step 09:

- 画出鼻子的暗面，交代出面部的
  阴影

step 10:

- 画出嘴唇阴影
- 用斜线简单表现脸颊暗面的转折及
  下颌的转折

step 11:

- 强调眉毛，一般瞳孔上方颜色较深
- 画出耳朵的暗面

step 12:

- 进一步刻画头发
- 画出颈部及头发的暗面

1.3.2 女模特常用动态画法

　　服装效果图中的人体比例与实际人体比例略有不同。在服装效果图中，人的头部偏小腿偏长，这样画出来的效果图更加时尚、高级，着装效果也更好。不同种类的服装效果图，在动态选择上也有一些技巧。比如在画时装服装效果图时，通常会用到"行走的姿态"。在画高级定制礼服或婚纱效果图时，站姿居多。当有的款式在后背有特殊设计，需要说明时，还会在主图旁边加上后背效果图或局部效果图。在画舞台服装效果图时，舞蹈动作或较夸张的姿势也是经常会用到的，这样有助于直接表现人物身份或者表演特点等。

T台行走的姿态

step 01:

· 先画出重要位置的辅助线

先确定头顶位置辅助线

4号线为下颌位置辅助线用以确定模特头部的长度，位置位于1~3号线之间上1/9处

6号线为肩部位置辅助线，4~6号线之间的距离，等于1~4号线之间1/2处的距离

7号线为腰节位置辅助线，位于5~6号线之间1/2偏下一点的位置

8号线为臀围位置辅助线，位于5~7号线之间大约下1/3的位置

5号线为耻骨辅助线，位置位于1~3号线之间1/2处

9号线为膝盖位置辅助线，位于3~8号线之间1/2位置偏上一点

3号线为脚踝位置辅助线，在2号线上来一点的位置

2号线为脚后跟下端辅助线，鞋跟越高，脚尖距离2号线位置越远

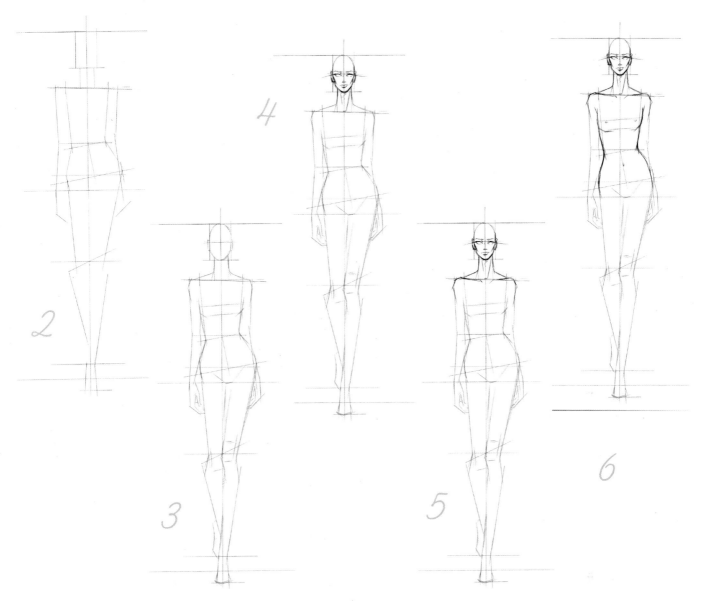

step 02:

- 用简单的直线形结构表现人体的大体动态
- 脖子的宽度大约为头的一半，肩部宽度大约为头的三倍，腰宽小于肩宽而大于头宽，臀围宽度小于肩宽
- 一般腰部斜线与臀部斜线倾斜方向一致，肩部斜线与腰部斜线和臀部斜线倾斜方向相反。膝盖斜线与臀围线倾斜方向一致
- 一般头的重心线和脚的重心线要在同一条竖线上，人的整体重心才稳。如果后期想要加强动态的幅度，或者寻求一种动态美，可以故意改变重心
- 手腕的位置一般稍微低于耻骨位置一点，手臂和手的长度切记不可以画得太短

step 03:

- 根据图中的辅助线进一步细化躯干和四肢，要考虑到肌肉的厚度感

step 04:

- 由头部开始仔细刻画人体，画出结构之间的穿插，由于前面讲过五官的画法，在这里就不细致讲解了

step 05:

- 画出肩膀和脖子的穿插关系，确定肩头的宽度，画出锁骨

step 06:

- 画出躯干及胸部，即使胸部是圆的，也可以用带有切面的线条进行绘画。要保留线条中硬朗的部分，可以适当的"圆中带方"，这样会让结构更扎实。注意腰部转折位置的穿插关系，通过简单的线条交错，可以明确表现出肌肉结构

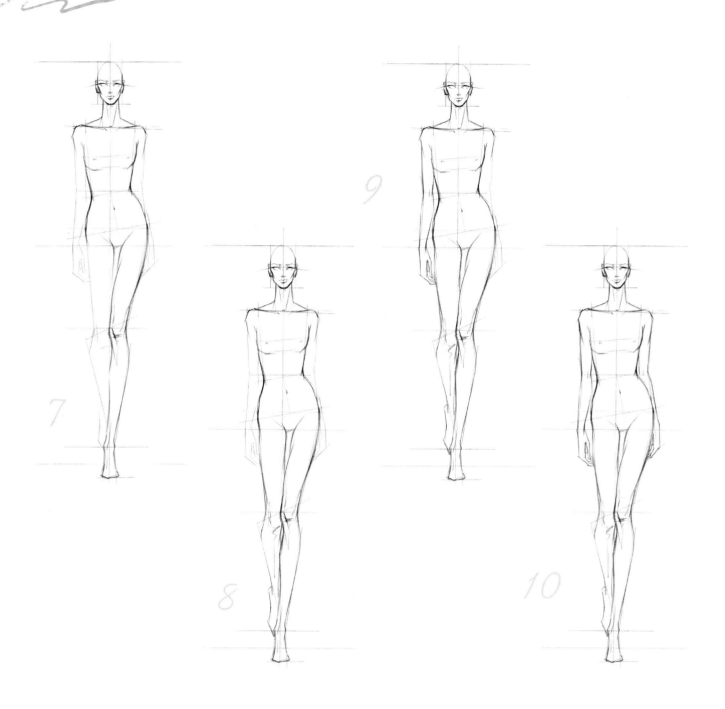

step 07:

- 先画出支撑腿，交代清楚耻骨位置与大腿根部的交叉
  关系。注意大腿的肌肉感及膝盖位置的骨感。画腿的
  时候切记不要画成一条直线，没有肌肉的表现会让腿
  部失去力量感

step 08:

- 画出另一条腿，线条相对于前面的支撑腿而言，稍微
  简化，笔触稍轻

step 09:

- 画出靠前侧的手臂，注意手臂上肌肉感的表达和小臂
  最粗的位置。一般从肩头到手臂，只有一次角度转
  折，让大臂、小臂和手处在不同方向的斜线上，可以
  增强写实性及力量感

step 10:

- 画出靠后侧的手臂

站姿

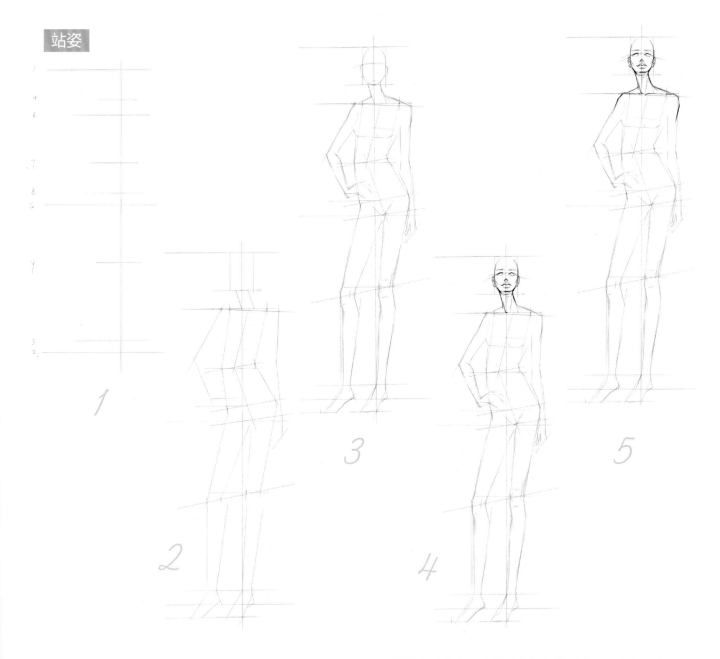

step 01:

- 先画出人物整体的辅助线，上半身微侧，重心在身体左侧，左腿成为支撑腿。重要位置的辅助线与"T台行走的姿态"中的姿势相同，只将中心线向重心位置移动

step 02:

- 用简单的直线画出人体躯干和四肢的大概位置与走向。这是一个稍微侧转的姿势，因此转过去的那侧要稍窄一点

step 03:

- 进一步细化肌肉的感觉。头部画成仰视的角度，人物

左侧的肩膀稍宽，右侧的身体曲线稍直。因为上半身略微右转，所以胸部会在右臂之前，会遮挡一部分大臂，耻骨位置同理

step 04:

- 详细刻画头部和颈部。注意头部与颈部的扭转和穿插关系

step 05:

- 画出肩部结构，注意锁骨位置的透视关系

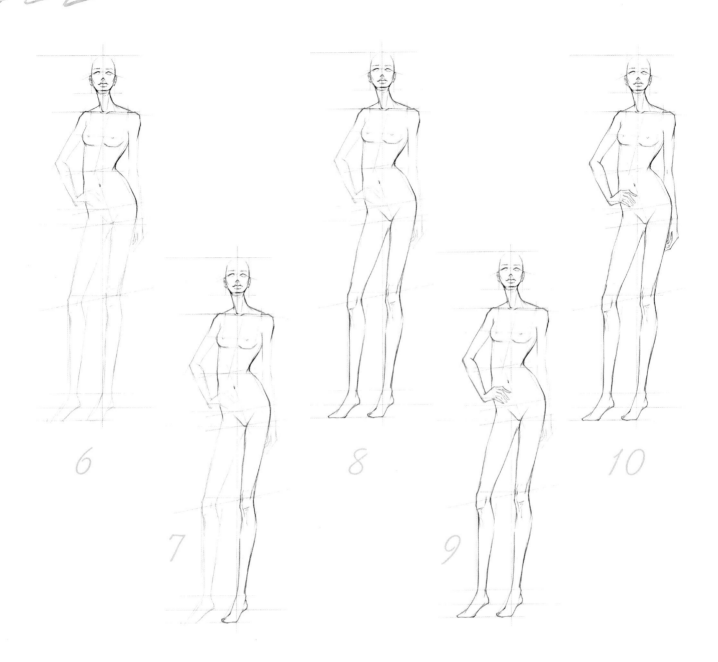

step 06:

- 详细画出躯干的位置，注意转身后胸部的角度变化。腰后侧笔触稍重，可以让腰身显得更有力量

step 07:

- 详细画出支撑腿，双脚稍微扭转

step 08:

- 画出另一条动态腿，注意耻骨下面会有一部分臀部线条由于透视而可以从正面看到

step 09:

- 画出有动态一侧的手臂，注意这是一个有角度的转折，因此小臂要在大臂前面，手要在小臂前面，注意穿插关系

step 10:

- 画出另一侧手臂，让两只手臂分别位于身体的一前一后，可以让姿态更平衡且充满动感

背影

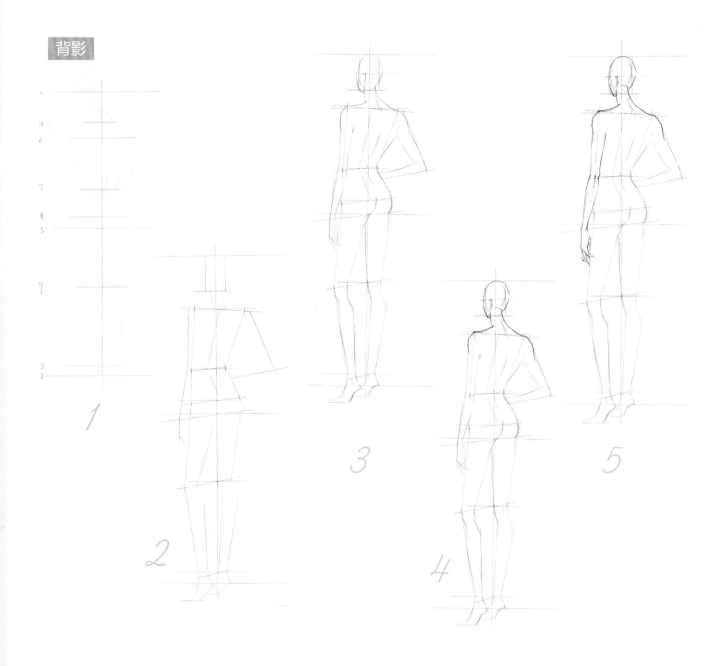

step 01:

● 画出人体重要位置的辅助线，比例、位置与之前相同，在这里不再做赘述

step 02:

● 用长直线画出躯干和四肢大体走向。后背角度的脖子除了正后方外，一般都会出现透视。我们画的是一个重心在右脚的姿势

step 03:

● 根据辅助线进一步刻画人体结构，后背中线随着角度的变化向右侧偏移。身体左侧由于透视关系会挡住右侧，注意肢体间的遮挡关系

step 04:

● 画出头部和颈部。后颈中心线可以简单表现，更能体现出颈部的圆柱感和脊柱的连贯性。画出肩部结构

step 05:

● 画出左手手臂，注意肘部和腕部的穿插关系

step 06:

- 画出后背、腰部及臀部结构，后背的中心线由于角度的关系会比较偏右，与后颈自然衔接。可以用简单的直线表现出肩胛骨，后臀线要表现得饱满，也可以仅简单画出侧影

step 07:

- 画出右侧手臂

step 08:

- 画出左腿，注意与臀部的穿插关系。膝盖位置脂肪含量较少，因此可以用更硬朗的线条表现。利用脚部的结构线，表现出脚底转折面

step 09:

- 画出右腿，明确膝盖与大腿和小腿的穿插关系，更能体现出腿部的力量感

1.3.3　男模特头部各角度画法

　　男模特的面部五官相较女模特而言，棱角要更为分明一些，更硬朗。下颌不要画得太尖，鼻子要硬挺，眼睛可以略小一点，这样有助于区分男女性别。男模特一般以短发居多，也有中长发的。虽然男模特也可以画成秀气的长相，但是这样会使本来就不太会画男性模特的初学者更难以下手。在学习绘画男模特的初期，可以稍微夸张肌肉感，这样有利于在视觉上直接体现出男性的特点，以及合理表达出男模特的力量感。

男模特头部正面

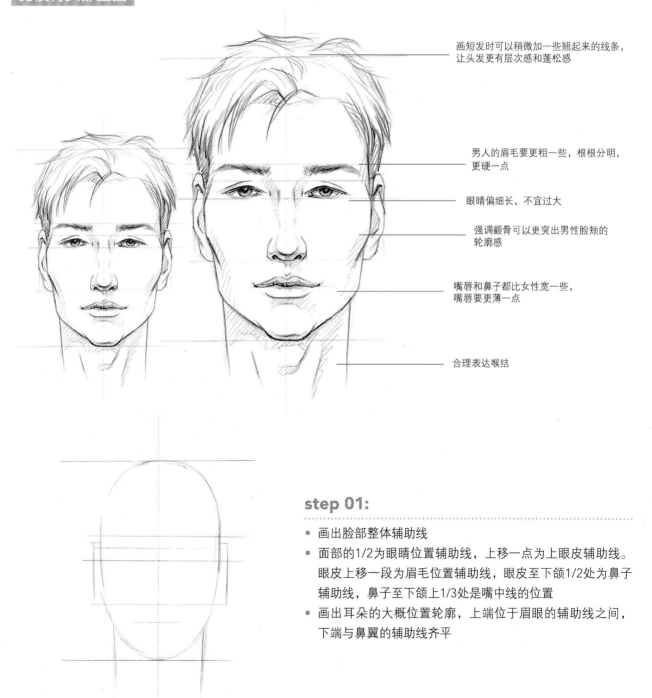

画短发时可以稍微加一些翘起来的线条，让头发更有层次感和蓬松感

男人的眉毛要更粗一些，根根分明，更硬一点

眼睛偏细长，不宜过大

强调颧骨可以更突出男性脸颊的轮廓感

嘴唇和鼻子都比女性宽一些，嘴唇要更薄一点

合理表达喉结

step 01:

- 画出脸部整体辅助线
- 面部的1/2为眼睛位置辅助线，上移一点为上眼皮辅助线。眼皮上移一段为眉毛位置辅助线，眼皮至下颌1/2处为鼻子辅助线，鼻子至下颌上1/3处是嘴中线的位置
- 画出耳朵的大概位置轮廓，上端位于眉眼的辅助线之间，下端与鼻翼的辅助线齐平

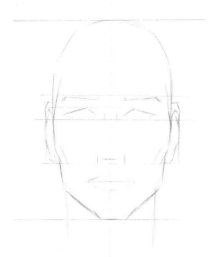
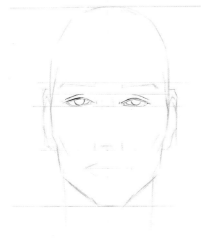
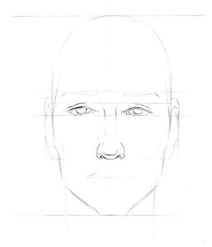

step 02:

- 进一步细化五官的整体位置和大概形状
- 男人眉毛可以稍微平一点
- 下颌骨稍宽
- 颧骨在一开始就要强调出来

step 03:

- 进一步刻画眼睛
- 画出上下眼皮的厚度

step 04:

- 画出鼻子的结构
- 可以通过对鼻子宽度的表达来体现男模特的骨骼感
- 男模特的鼻子可以比女模特的鼻子大一些

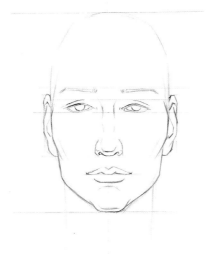
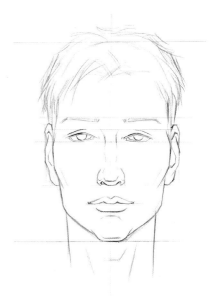

step 05:

- 画出上下嘴唇厚度
- 相比较女模特的嘴而言，男模特的嘴要稍微扁宽一些

step 06:

- 进一步画出脸颊轮廓及耳朵结构
- 可以适当用一些线条初步表现脸颊的转折点
- 让头部体积感更强

step 07:

- 画出头发的大体走向
- 画出颈部结构

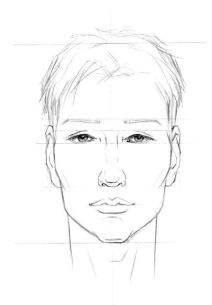
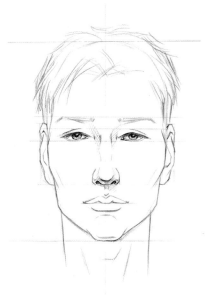
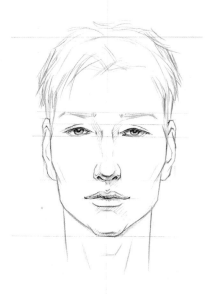

step 08:

- 详细刻画出眼睛
- 用斜线的形式表现出眼睛整体明暗结构

step 09:

- 画出鼻子结构，强调鼻梁的高度
- 稍微画一些鼻子的阴影

step 10:

- 画出嘴唇整体的明暗结构
- 用阴影强调出下颌的厚度，参考鼻子阴影方向，简单画出光源方向

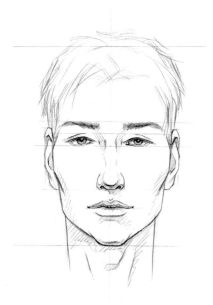
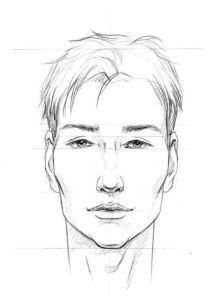

step 11:

- 详细刻画出眉毛、耳朵及颈部
- 整体调整面部结构，体现出面部的体积感
- 眉毛要根根分明

step 12:

- 进一步刻画头发
- 用简单的明暗线条体现头发的转折面

男模特头部侧面

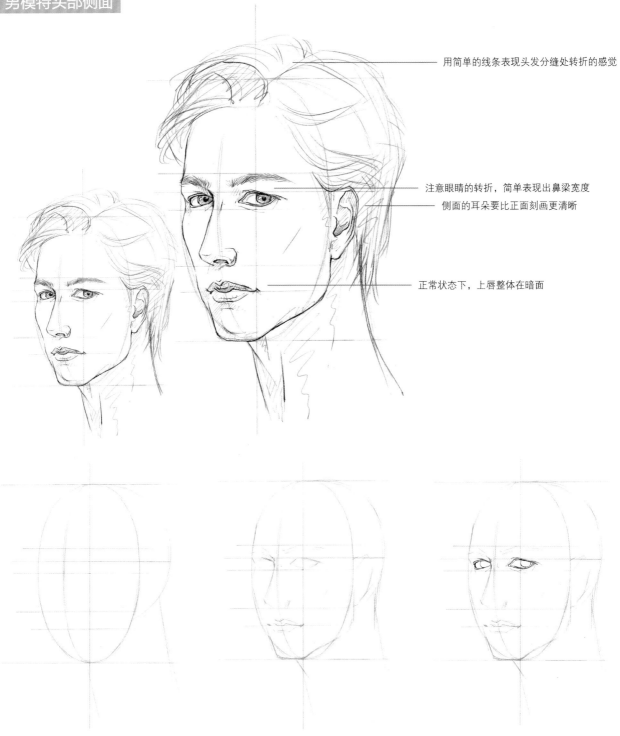

用简单的线条表现头发分缝处转折的感觉

注意眼睛的转折，简单表现出鼻梁宽度
侧面的耳朵要比正面刻画更清晰

正常状态下，上唇整体在暗面

step 01:

- 画出侧面脸的整体辅助线
- 男模特的脖子相对女模特的脖子
  而言，要稍微粗一点
- 比例结构与正面脸类似，只是需
  要画出侧面的后脑勺结构

step 02:

- 画出五官的大体位置和形状
- 注意对下颌骨宽度的表达

step 03:

- 进一步刻画眼睛结构
- 次要结构可以用稍轻一些的笔触
  表达

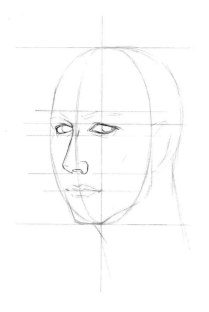

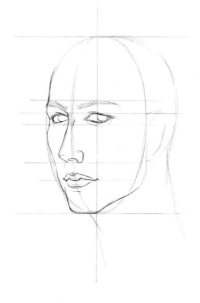

step 04:

- 刻画鼻子的结构
- 注意鼻子与眼睛之间的遮挡关系

step 05:

- 画出眉毛走向
- 画出脸颊结构，注意结构之间的穿插关系

step 06:

- 画出嘴唇结构
- 注意唇部产生的透视

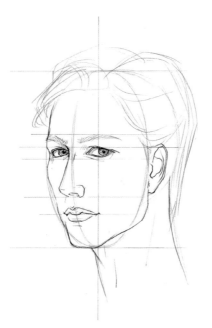

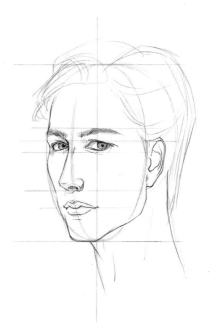

step 07:

- 画出耳朵及颈部结构
- 大概表现出头发走向

step 08:

- 详细刻画出眼睛
- 可以连同眼睛周围的脸颊结构一起表现出来

step 09:

- 画出鼻子的阴影

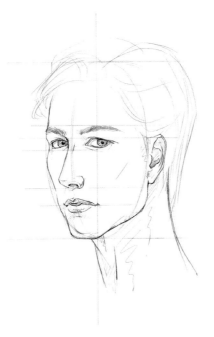

step 10:

- 画出唇部的阴影
- 表现下颌的转折及厚度

step 11:

- 用简单的斜线表现出耳朵和颈部的结构

step 12:

- 进一步刻画头发
- 调整整个头部的体积感

男模特头部背面

头部背面的角度容易显得单薄。可以通过表现头发飞起来的感觉丰富画面

画背后的角度时，如果想表现眼睛，那么要尽可能再侧一点，带一些鼻梁，这样可以使五官看上去更美观

头部扭转过来越多，越可以看到更多耳朵前面的结构

对背面头部的表达，一定要注意下颌的底面

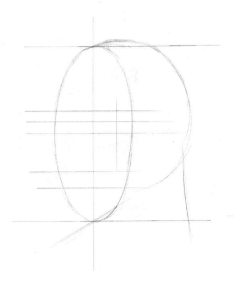

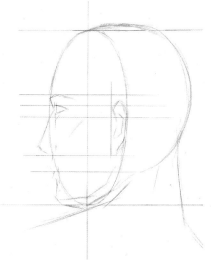

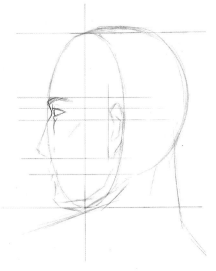

step 01:

- 背面的五官位置与正面的五官位置基本相同
- 交代出颈部与头部的穿插关系
- 脸越侧，代表面部轮廓的椭圆形就越窄，后脑勺就越圆

step 02:

- 大体画出各位置结构
- 画出具体结构的时候不是死板的"填图"，第一步的辅助线只作为参考辅助，不准确的地方要随时调整

step 03:

- 进一步细致刻画眼睛和眉毛
- 脸部侧转角度较大时的五官可以结合脸部结构一起刻画

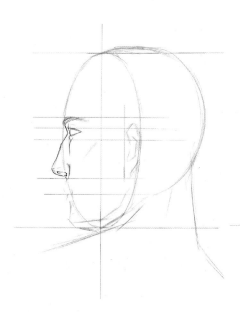

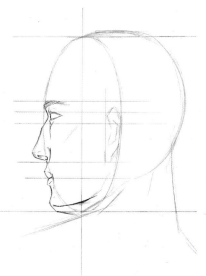

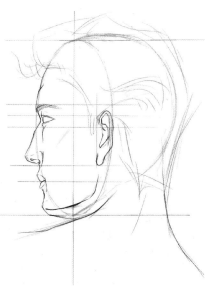

step 04:

- 画出鼻子
- 结合颧骨位置一起绘画

step 05:

- 画出嘴部和下颌的具体结构
- 注意脸部侧转角度较大时，嘴角会被肌肉遮挡住

step 06:

- 画出耳朵、颈部，并简单画出头发
- 用简单的线条画出后颈中线，让头部的扭转感觉更明确

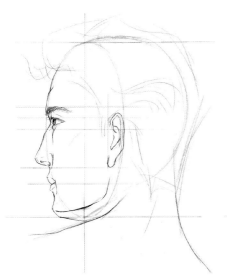
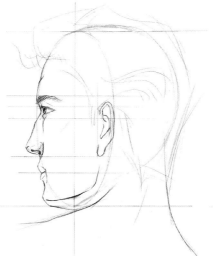
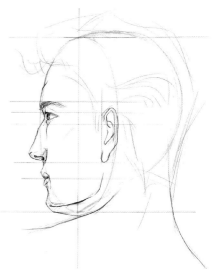

step 07:

- 仔细刻画出眼睛和眉毛
- 注意由于角度的不同，导致五官形状的变化
- 鼻梁在眼睛后面，因此整体处在暗面

step 08:

- 画出鼻子的暗面
- 相对于脸颊的肌肉而言，鼻子也在较后的位置

step 09:

- 画出嘴部的暗面
- 表现出下颌的厚度

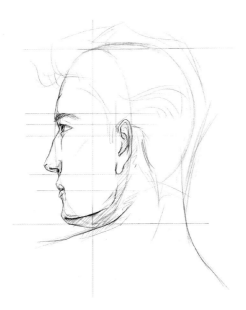

step 10:

- 画出耳朵及颈部的阴影
- 下颌在肩颈位置后面，下颌底面整体在暗面
- 耳根连接下颌的区域整体在偏后的位置

step 11:

- 细画头发，与脸部和颈部自然衔接

男模特头部仰视角度

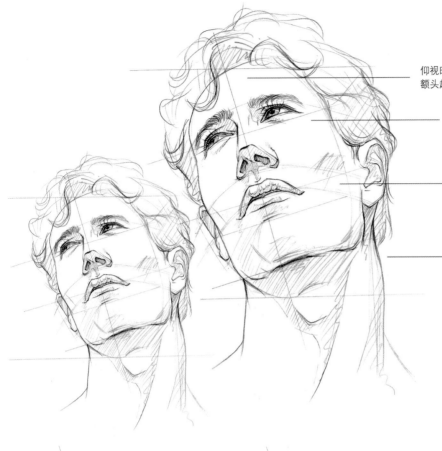

仰视时额头因为角度原因会变窄，角度越大，额头越窄

仰视角度可以看到上眼皮的厚度，下眼皮弧线会因为仰视角度变大而越来越上弧

嘴唇画成微微张开，让面部表情感觉更松弛

下颌底面看到的面积大小，由头部上仰的角度决定

step 01:

- 画一个歪头的仰视角度
- 先确定下颌上抬的宽度，再找到其他辅助线的位置
- 头顶到下颌上1/3处是眼睛辅助线的位置，上2/3位置为鼻子辅助线的位置，鼻子到下颌上1/3处为嘴唇辅助线的位置

step 02:

- 根据直线辅助线，画出上弧辅助线
- 画出耳朵大概位置
- 用直线简单表现出颈部的转折

step 03:

- 用简单的线条画出头部各位置结构
- 一开始画不准确没有关系，后期可以逐步调整

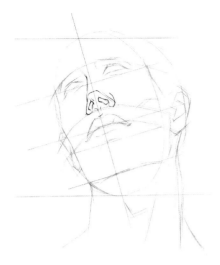

step 04:

- 仰视角度鼻子为面部最突出的五官
- 从鼻子结构开始逐一刻画
- 向下延伸画出人中

step 05:

- 画出眼睛和眉毛
- 仰视角度，眉眼之间距离会缩小

step 06:

- 画出嘴巴的结构
- 仰视的角度，下唇会遮挡住一部分上唇

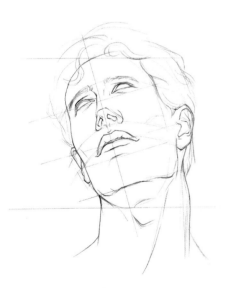

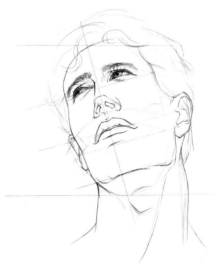

step 07:

- 画出耳朵、颈部及头发

step 08:

- 详细刻画眼睛和眉毛
- 简单画出暗面

step 09:

- 画出鼻子暗面
- 画出人中位置暗面，统一光源

step 10:

- 画出嘴部的明暗关系
- 简单表现出下颌的转折

step 11:

- 画出耳朵和颈部的阴影
- 注意让耳根退到阴影里

step 12:

- 进一步刻画头发，表现出头发的转折面
- 整体调整

男模特低头状态

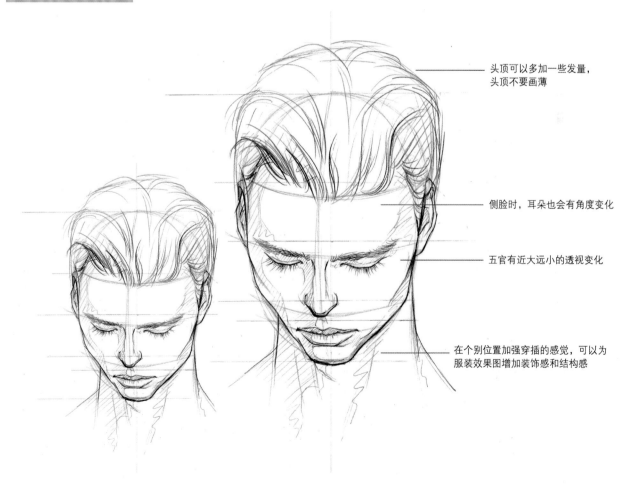

头顶可以多加一些发量，
头顶不要画薄

侧脸时，耳朵也会有角度变化

五官有近大远小的透视变化

在个别位置加强穿插的感觉，可以为
服装效果图增加装饰感和结构感

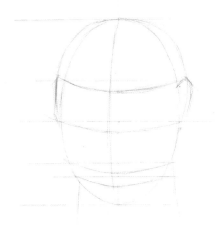

step 01:

- 画一个脸稍微有一点侧的低头姿势，先找到下降的发际线位置
- 从发际线到下颌平均分成三份，上面1/3为眼睛辅助线的位置，下面1/3为鼻尖辅助线的位置。鼻尖到下颌上1/3处为嘴唇辅助线的位置
- 根据角度变化大小来确定头部轮廓的大小

step 02:

- 画出向下的弧线辅助线
- 画出耳朵的大概位置

step 03:

- 用简洁的直线画出五官的形状
- 低头角度，五官会有上弧的趋势

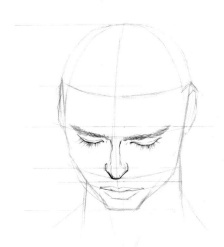

step 04:

- 先细致画出较为靠前的眉毛
- 注意观察眉毛在低头状态下的走向变化

step 05:

- 画出眼睛和睫毛
- 睫毛画成长短不一会更自然

step 06:

- 画出鼻子
- 越高的鼻子，在低头时鼻头的位置会显得越尖

step 07:

- 画出嘴唇
- 低头角度，上唇一般会压住下唇

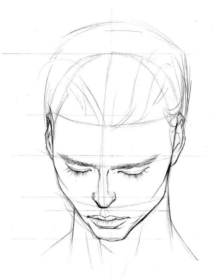

step 08:

- 画出脸部轮廓和耳朵形状
- 简单画出颈部和头发

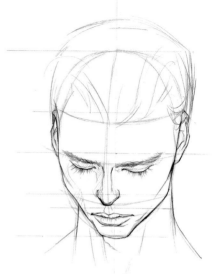

step 09:

- 画出鼻子周围大体的明暗关系
- 眼睛相对眉骨而言在比较靠后的位置，处于暗面
- 脸颊的侧影并不是一条直线，要根据骨骼的起伏做出变化

step 10:

- 画出嘴部周围的明暗关系
- 统一光源表现出下颌的厚度

step 11:

- 画出颈部及耳朵周围的明暗关系

step 12:

- 进一步详细刻画出头发
- 对画面进行整体调整

1.3.4 男模特常用动态画法

画男模特最重要的是要画出硬朗感和体积感，如果把男模特画得过于消瘦，会缺少很多视觉冲击力。男模特的脖子比女模特稍短且粗，肩部宽厚，呈倒三角形。腰身不要画得过细，减小腰臀差。在线条表现上，可以更多运用直线、切面的感觉。肌肉的表现在画面中尤为重要，姿态幅度相比较女模特而言略小，可以稍微夸张肌肉感。

T台行走的姿态

step 01:

• 先画出重要位置的辅助线

先确定头顶位置辅助线

4号线为头长位置辅助线，位于1~3号线之间上1/9处

6号线为肩部位置辅助线，4~6号线之间的距离，等于1~4号线之间1/2的距离

7号线为腰节位置辅助线，位于5~6号线1/2偏下一点的位置

8号线为臀围位置辅助线，位于5~7号线之间大约下1/3的位置

5号线为耻骨上端一点辅助线，位置位于1~3号线之间1/2处

9号线为膝盖位置辅助线，位于3~8号线之间1/2位置偏上一点

3号线为脚踝位置辅助线，在2号线上来一点的位置

2号线为地面位置辅助线

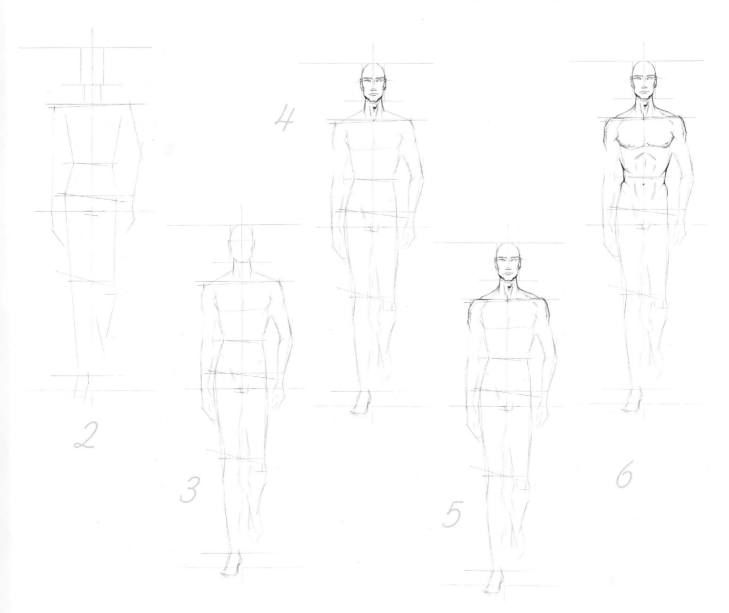

step 02:

- 用简单的直线形结构表现人体的大体动态
- 脖子的宽度要大于头宽的1/2，肩部宽度稍大于三倍头宽，肩斜较大
- 腰臀差相比较女模特而言要小很多，且腰部不要画得过细
- 一般腰部斜线与臀部斜线倾斜方向一致，肩部斜线与腰部斜线和臀部斜线倾斜方向相反。膝盖斜线与臀围线倾斜方向一致
- 重心线在支撑脚的一侧
- 男模特的耻骨点辅助线比女模特的稍低一点

step 03:

- 进一步用简洁的线条刻画人体结构，男模特的肌肉感要强于女模特

step 04:

- 详细刻画出头部，五官用简单的线条表现
- 简单表现出头部的阴影

step 05:

- 刻画出肩部结构，注意肌肉之间的穿插关系
- 男模特的肩部略沉于女模特
- 通过适当的棱角，体现出肌肉的力量感

step 06:

- 画出胸腰部分
- 在画人体的时候，其实也是在表现肌肉，当肌肉出现在合理的位置，人体结构也就合理了
- 肌肉含量越高，肌肤表面的线条会越不圆顺，多有棱角

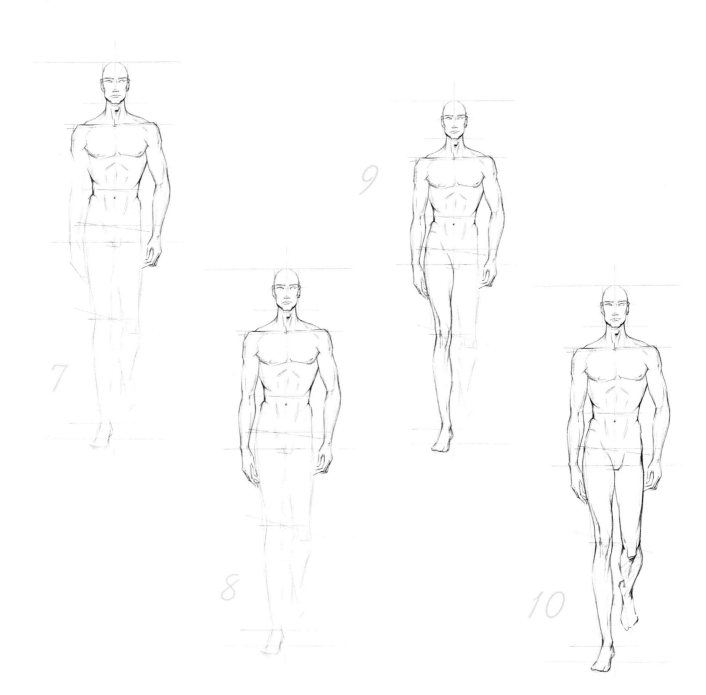

step 07:

- 画出稍微靠前的左手臂，微弯曲

step 08:

- 画出相对偏后的右手臂，注意肘部与大臂和小臂的衔接与穿插关系

step 09:

- 画出相对靠前的右腿

- 膝盖衔接大腿与小腿，是整条腿中比较难表现的位置
- 膝盖位置虽然肌肉较少，却很容易影响腿部的支撑感。因此要注意对膝盖部位骨骼的表达

step 10:

- 画出正抬起的左腿
- 这个角度的小腿变形相对较大，且都处于暗面
- 可以通过对膝盖骨的强调，突出腿部转折的感觉
- 由于角度问题，向上抬起的小腿肚比另一边稍宽

站姿

step 01:

- 画出站姿的辅助线，位置与"T台行走的姿态"相同，将重心线向右移动

step 02:

- 用简单的直线形结构表现人体的大动态
- 脖子的宽度稍窄于头部，肩部宽度由于透视原因，比正面略窄一点，向较远的一侧倾斜
- 腰部及臀部由于透视稍微倾斜
- 一般侧面角度的站姿，纬度辅助线都会出现透视变化，将几条线同时向远处延伸，可以汇聚到一个点
- 重心线在支撑脚的一侧
- 根据脚的朝向，简单画出脚的整体形状
- 画出叉腰一侧手臂位置的辅助线
- 辅助线并不等于确定的线条，只在绘画时起到辅助作用。在之后的每一步详细刻画中，都可以随时进行调整

step 03:

- 尝试用更多的切面进一步刻画人体大型
- 可以用简单的直线标注出脸部的转向
- 注意胸腔的厚度
- 男人的肌肉感较明显，四肢及躯干都不要画得太细
- 用简单的线条画出手的姿势

step 04:

- 整体姿态确定好后，先从头部开始进一步刻画
- 头部的具体绘画方法参考上一小节对头部的讲解
- 表现出头部与颈部的穿插感觉
- 画出肩部结构
- 注意由于透视会导致结构产生近大远小的变化，以及肩斜角度的变化

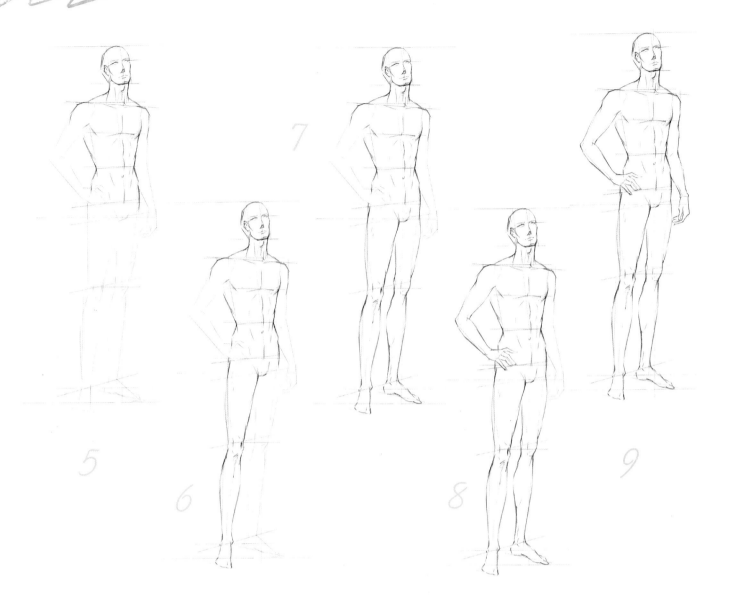

step 05:

- 画出躯干部分
- 对躯干位置肌肉及厚度的表达是体现出坚实感的重要元素
- 画男模特时可以尽量突出腹肌和胸肌
- 注意腰部和胯部的穿插感
- 肚脐可以用简单的线条表现

step 06:

- 画出胯部与腿部的穿插关系
- 画出耻骨位置，注意因角度变化而产生的遮挡关系
- 画出靠近前方的腿部结构
- 可以用简单的线条表现出肌肉的转折和骨头相对突出的地方，这样会让整条腿更有力量感，也让轮廓更合理

step 07:

- 画出另一条腿
- 膝盖骨的角度，会因为脚的朝向不同而产生变化，膝盖的方向应与脚的朝向相同
- 脚腕位置可以用简单的直线表现出脚筋

step 08:

- 画出靠前一侧手臂及手部
- 根据辅助线位置，画出肌肉的感觉

step 09:

- 画出另一侧手臂
- 画手臂时可以让大臂和小臂之间形成夹角，这样能够让人物显得姿势更放松

背影

step 01:

- 画出背面人体形态辅助线
- 横向辅助线位置参考正面比例，将竖向重心线向右移动

step 02:

- 用简单的直线画出人体动态的大概感觉
- 注意因透视引起的角度变化
- 用简单的直线表现出后背中线的偏移，初步确定出近大远小的视觉效果

step 03:

- 进一步用更多的切线画出人体结构
- 注意四肢的粗壮感，从这一步开始就不要画得过于纤细，为后面细致刻画打好基础

- 相对明显的肌肉可以在这一步就简单表现出来

step 04:

- 详细刻画头部，画一个稍微转头的背面角度
- 注意头部在颈部后面，肩部在颈部前面的穿插关系
- 后颈中心线的恰当表达可以增加头部转折的合理性
- 画出肩部及肩胛骨
- 男模特肩斜比女模特稍大一点，肩头更加厚实、饱满
- 画男模特时可以多表现一些穿插、连接的线条，让肌肉的存在更合理
- 线条一定要区分虚实，越明显的结构，线条越深

step 05:

- 画出胸、腰和臀部的结构
- 男模特臀肌相对女模特而言稍微小一些
- 可以通过简单的阴影来进行表达，强调出肌肉感
- 用切角代替圆弧

step 06:

- 画出相对靠前的右手臂
- 注意手臂对躯干的遮挡
- 手臂后侧由肱骨下端和桡、尺骨上端构成的肘关节要表现出凸起的感觉

step 07:

- 画出相对靠前的腿部结构

- 每一块肌肉都应有其出处，可以适当延长肌肉线条，强调肌肉之间的穿插感觉和拉伸感
- 注意因角度影响产生的脚型变化

step 08:

- 画出左手臂
- 由于角度不同，结构表现上与右手臂有一定区别
- 左手臂的肘部更突出一些

step 09:

- 画出左腿
- 尽量不要让两只脚的角度相同，在延长线上形成夹角，可以让人站得更稳，姿态也更合理

1.4 不同面料、配饰与人体的关系表达

最开始画效果图的时候也许很难下笔，也无法想象什么样的面料穿在身上是什么效果，即使想象出来也有可能与实际效果有偏差。因此在前期练习时可以多观察生活中的服装，或者去杂志、网络等平台学习，把照片转化成效果图，"写生"是打好基础的好方法，很多品牌的T台秀就是很好的实物参考。

下面以T台行走姿势为底图，讲解如何绘画不同面料的服装效果图线稿。我们可以在已经绘制好的人模打印稿上进行练习，熟练以后再逐渐摆脱掉已经准备好的人模稿，这样更有利于增加自信心及提高练习速度。

1.4.1 柔软且贴身面料的服装与人体的关系表达

柔软且贴身的面料有很多，比如真丝或弹力针织面料。柔软的面料也是有厚度的，在褶皱的表现上可以用柔和的弧线。以柔软且贴身面料制作的服装在肢体的转折点或肌肉变化的位置，适当加一些褶皱，可以合理表达出贴身的感觉以及面料与人体的空间感。下面我们用柔软的针织类面料服装线稿为例来进行讲解。

柔软的针织类面料服装线稿示范

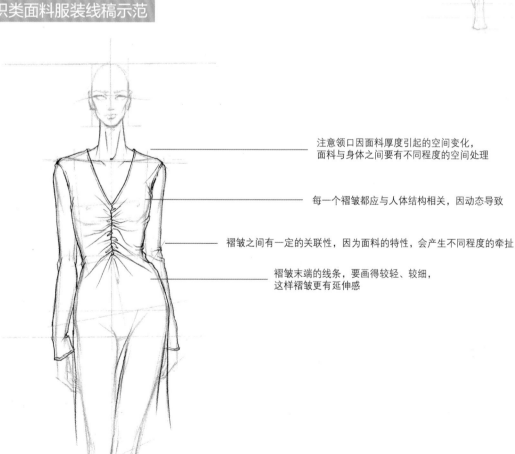

注意领口因面料厚度引起的空间变化，面料与身体之间要有不同程度的空间处理

每一个褶皱都应与人体结构相关，因动态导致

褶皱之间有一定的关联性，因为面料的特性，会产生不同程度的牵扯

褶皱末端的线条，要画得较轻、较细，这样褶皱更有延伸感

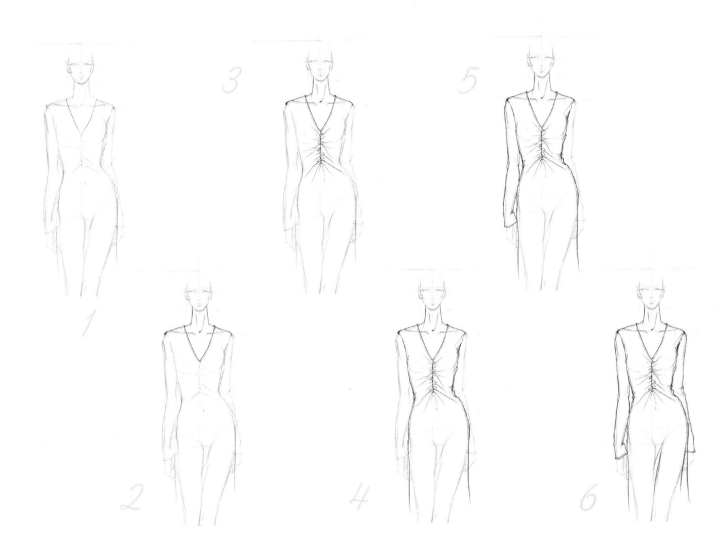

step 01:

- 先大概画出服装的整体轮廓
- 用较轻的笔触和简洁的线条

step 02:

- 从领部开始绘画
- 注意衣服在人体表面形成的空间感，即使再薄的面料都要表现出一定厚度

step 03:

- 深入刻画出胸前的抽褶
- 褶子的朝向要根据所在人体位置的变化而产生方向变化
- 褶要有长有短，且要表现的不对称，这样才可以更加自然

step 04:

- 画出身体两侧的服装褶皱
- 贴身的感觉要通过贴合身体曲线来体现，在人体结构转折的位置适当加一些褶皱体现面料的质感和厚度
- 人体转折越明显的位置，衣褶量越多
- 注意外轮廓衣褶和前胸衣褶之间的连接关系

step 05:

- 画出靠前一侧袖子
- 面料越贴紧肌肤，衣褶越少

step 06:

- 画出另一侧袖子
- 尽量避免两侧结构完全对称，在线条表现上要尽量区分开
- 画一些动态线、服装做缝线和包边装饰线

1.4.2　飘逸面料的服装与人体的关系表达

　　一般飘逸的面料相对比较薄，以这种面料制作的服装会随着人体的动作呈现出自然的波动感。在画这种面料时，可以稍微夸张地表现出面料的流动性，从而塑造出随风飘动的感觉。这样的话，即使人体是站立状态，也可以通过线条去感受到面料的质感。有的时候绘画语言是可以稍微夸张于真实生活的，这样才可以更好地表达出设计师的设计想法。写生虽然是在学习和打基础，但是也要通过思考进行合理删减和优化，这样才可以画出更完美的设计图。我们不是印刷机，是否画成与照片一模一样不是评判设计图好坏的标准，如果只是单纯的拷贝，便失去了画效果图的意义。下面我们用雪纺类面料服装线稿为例来进行讲解。

雪纺类面料服装线稿示范

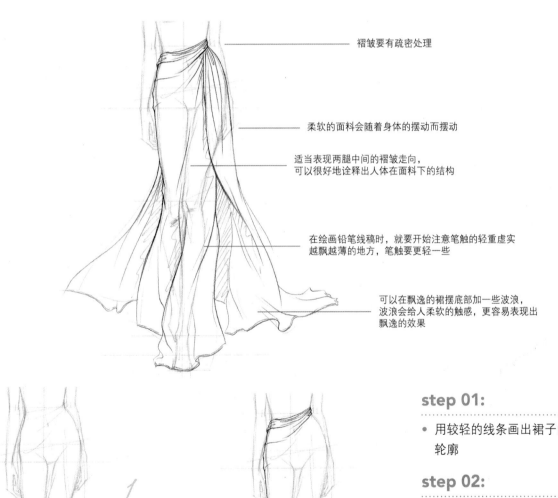

褶皱要有疏密处理

柔软的面料会随着身体的摆动而摆动

适当表现两腿中间的褶皱走向，可以很好地诠释出人体在面料下的结构

在绘画铅笔线稿时，就要开始注意笔触的轻重虚实越飘越薄的地方，笔触要更轻一些

可以在飘逸的裙摆底部加一些波浪，波浪会给人柔软的触感，更容易表现出飘逸的效果

step 01:

• 用较轻的线条画出裙子的大体轮廓

step 02:

• 从腰部的褶皱开始细节刻画

• 柔软的面料更容易受到人体姿态的影响，褶皱的方向也会受到行走姿态的影响

• 注意线条深浅度的变化，可以通过减淡线条和用偏细的线条的方式来表现面料的轻柔

step 03:

- 画出另外一侧飘起来的面料
- 要注意褶皱的疏密变化
- 飘起来的面料线条会呈现出很柔软的弧线

step 04:

- 画出身后飘出的裙摆
- 后面的线条相对前面的线条要稍微淡一些
- 裙摆左右不同的飘荡幅度，会让画面更加生动

step 05:

- 画出模特正前方接地的裙摆
- 裙摆的线条要参考腿部的动态

step 06:

- 简单画出一些阴影
- 适当调整整体线条
- 加一些工艺结构，比如裙摆下端的包边

1.4.3　挺括面料服装与人体的关系表达

　　使用较挺括面料的服装可以多用直线去表达，大部分褶皱会在人体结构转折的位置出现。挺括的面料和柔软的面料在与人体的空间关系上有很大不同，柔软的面料更随身，肌肉的感觉更明显。而画挺括的面料可以减少一些对肌肉线条的表达，并且要通过增加服装与人体之间的空隙去体现硬挺的感觉。下面我们用牛仔面料服装线稿为例来进行讲解。

牛仔面料服装线稿示范

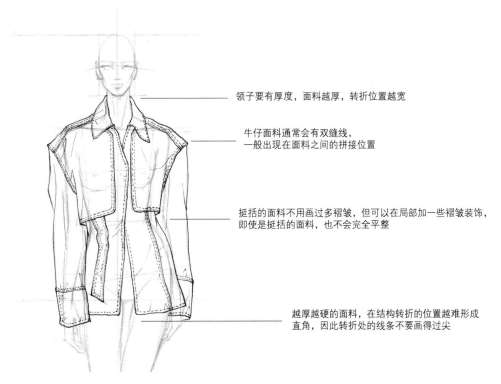

领子要有厚度，面料越厚，转折位置越宽

牛仔面料通常会有双缝线，
一般出现在面料之间的拼接位置

挺括的面料不用画过多褶皱，但可以在局部加一些褶皱装饰，
即使是挺括的面料，也不会完全平整

越厚越硬的面料，在结构转折的位置越难形成
直角，因此转折处的线条不要画得过尖

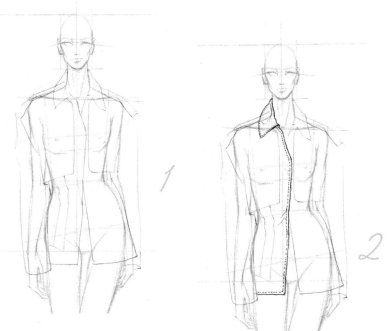

step 01:

- 先用较轻的线条画出大体轮廓
- 辅助线的作用是参考，技法成熟后可直接开始进行细节刻画

step 02:

- 从右侧领部开始进行对细节的刻画，延伸画出右侧前门襟
- 画出其上的虚线状装饰性的线迹

step 03:

- 画出服装右侧肩部及前身的结构
- 外结构线略深于内层褶皱线

step 04:

- 画出右侧袖子，挺括一些的面料一般会形成少而大的褶皱

step 05:

- 画出服装另一侧领子、肩部和前胸部分的结构
- 由于人体的摆动，服装结构会出现透视上的变化，向后摆动的位置略窄

step 06:

- 画出另一侧的底摆、袖子及装饰性线迹
- 褶皱处理要与右侧有所区别

1.4.4　格纹面料服装与人体的关系表达

我们通常会在小香风服装、衬衫或者英式风格服装中看到格纹元素。很多人都十分发愁画格子，总是习惯性地把每一条纹路都画得笔直且清清楚楚，这样会导致画面十分死板，并且无法体现出人体的厚度和服装结构的转折。因此画格纹类服装时要学会适当留白，就如同中国山水画的绘画方法，并不是全都画出来才叫"存在"。格子也一样，看到设计图的人也可以通过周围的线条感受到没画的部分也是有格子的。这种留白的方法会让画面更透气，也可以让服装更有体积感。另外格纹可以适当用曲线表达，并且也要遵循前实后虚，近宽远窄的原则来表现，这样看上去才更加自然。下面我们用格纹面料服装线稿为例来进行讲解。

格纹面料服装线稿示范

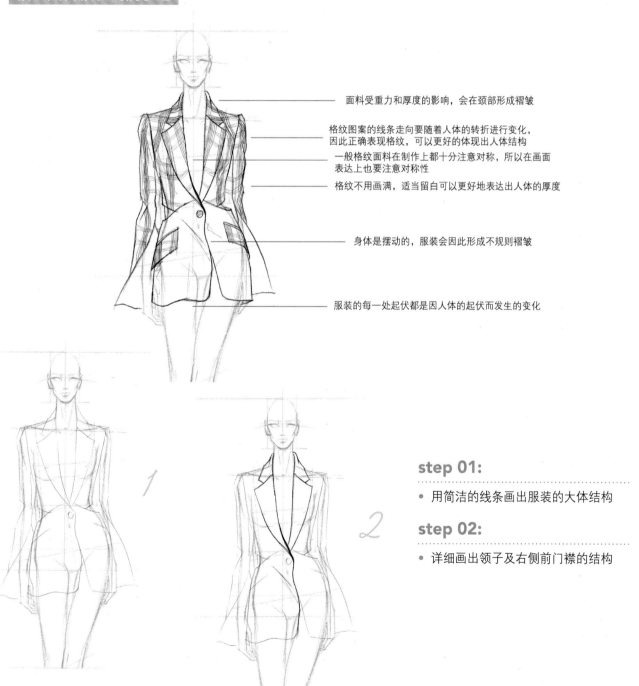

面料受重力和厚度的影响，会在颈部形成褶皱

格纹图案的线条走向要随着人体的转折进行变化，因此正确表现格纹，可以更好的体现出人体结构

一般格纹面料在制作上都十分注意对称，所以在画面表达上也要注意对称性

格纹不用画满，适当留白可以更好地表达出人体的厚度

身体是摆动的，服装会因此形成不规则褶皱

服装的每一处起伏都是因人体的起伏而发生的变化

step 01:

• 用简洁的线条画出服装的大体结构

step 02:

• 详细画出领子及右侧前门襟的结构

step 03:

- 画出右侧衣身及袖子的结构
- 简单加一些因人体摆动而形成的褶皱线
- 注意兜的透视

step 04:

- 画出左侧衣身及袖子的结构

step 05:

- 画出上半身除袖子部分的格纹
- 格纹走向大体对称，但在细节上要进行区分

step 06:

- 画出袖子、扣子及兜盖的格纹
- 格纹走向要符合布料丝道走向

1.4.5　毛线和皮草类面料服装与人体的关系表达

　　毛线和皮草类面料即毛织物，是有一定厚度和肌理感觉的面料，无论看上去还是摸上去，都可以明显感受到"凹凸"感。因此在画毛织物时，面料的边缘可以根据毛织物感觉上的轻重合理减少直线的运用，通过"点"或者"短线"的形式表现出凹凸感，在拼接处也可以运用弧线的感觉表达出面料的厚度。下面示范毛线和皮草类面料服装线稿的绘画方法。

毛线和皮草类面料服装线稿示范

毛线及皮革类面料在边缘可以通过层叠的毛表现出厚度和转折

边缘要长短不一，有宽有窄，通过变化表现柔软和毛的质感

可以通过编织的疏密来体现毛衣的转折

大面积留白搭配密集的线条，便于营造出毛织物的质感

毛衣上的毛线编织纹理不用都详细地画出来，适当留白更自然

step 01:

· 用简洁的线条画出服装的大体结构

step 02:

· 从领部开始进行细节刻画
· 毛线和皮革类面料在褶皱出现的位置线条较密集
· 由于面料较为柔软，因此肩部较为圆润，通过线条的疏密表现出结构的转折

step 03:

- 详细刻画兜和袖口的部分
- 可以适当加一些斜线，表达出阴影

step 04:

- 画出衣身和袖子上竖向的毛衣针织花型
- 注意线条的疏密变化

step 05:

- 画出底摆及袖子剩余的针织肌理
- 适当留白，强调面料起伏感

step 06:

- 画出腰带的结构

1.4.6 羽绒面料服装与人体的关系表达

羽绒面料是一种较厚的面料，其中含有很多空气，且有不同的行缝线迹。在画这种面料时要注意服装与身体之间必须留出足够的空间，在行缝线的位置也要画出不规则的褶皱感。下面示范羽绒面料服装线稿的绘画方法。

羽绒面料服装线稿示范

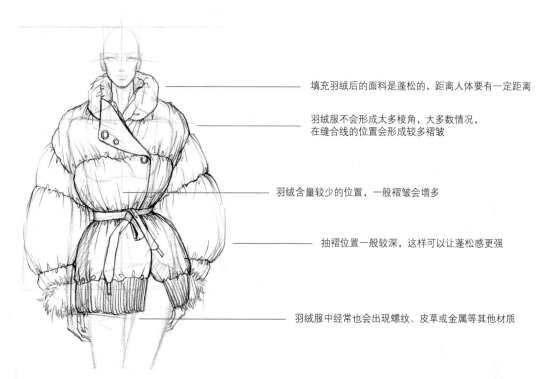

填充羽绒后的面料是蓬松的，距离人体要有一定距离

羽绒服不会形成太多棱角，大多数情况，在缝合线的位置会形成较多褶皱

羽绒含量较少的位置，一般褶皱会增多

抽褶位置一般较深，这样可以让蓬松感更强

羽绒服中经常也会出现螺纹、皮草或金属等其他材质

step 01:

• 画出羽绒服款式的辅助线

step 02:

• 详细刻画领子、前门襟和腰带的结构

• 稍微加一些阴影，强调出羽绒服的蓬松感

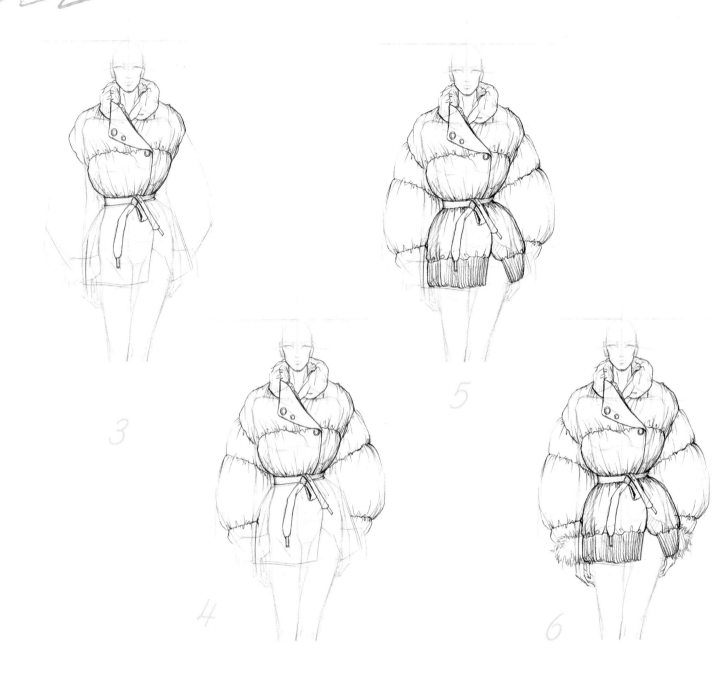

step 03:

- 画出羽绒服上半身的结构
- 褶皱主要集中在有缝线的位置
- 羽绒较厚的地方离身体较远

step 04:

- 画出袖子的结构
- 羽绒含量越高，缝合线位置褶皱越短

step 05:

- 画出羽绒服的下摆及衣摆下方的螺纹结构
- 相连的位置，要画出因抽褶形成的不规则线条

step 06:

- 画出袖口的皮草
- 笔触稍微轻于羽绒服面料的位置，这样可以使皮草显得更加轻盈、蓬松

1.4.7 如何把帽子戴在头上

画帽子的时候首先要考虑头骨的圆度，其次是头发的厚度，然后再把帽子戴上。很多人在画帽子的时候容易把头画扁，就会给人帽子很小，并没有戴上的感觉。每一种帽子戴在人的头上有不同的视觉效果，在生活中也可以多观察自己戴帽子的感觉，通过写生去了解不同的帽型呈现的不同效果。下面我们用一幅戴帽子头像的线稿为例来进行讲解。

戴帽子头像线稿示范

帽子的转折要与头型相符

用简单的直线表现转折面，可以加强帽子的圆度

可以用线条的疏密度区分明暗关系

适当加强帽檐前端的线条颜色，可以增强帽子的空间感

较远的位置可以用比较轻的线条虚化

人与帽子都要遵循近实远虚的原则

step 01:

- 用简洁的线条画出人与帽子的关系
- 即使很薄的帽子，与头骨之间也会有空间，要考虑头发的厚度

step 02:

- 进一步画出各部分辅助线

step 03:

• 先画出人物，参考女模特头部画法，在此不再做详细讲解

step 04:

• 从帽子前端开始进行细节刻画
• 靠前的位置加深线条

step 05:

• 画出靠后位置的边缘结构
• 用较轻的笔触，较远的位置较简洁

step 06:

• 画出帽顶的结构
• 画出编织花纹，忽略边缘细节，视觉上增加帽子的圆度

1.4.8 如何把鞋穿在脚上

画帽子和鞋时，一定要留出"物"与"人体"之间的空间和厚度，并且要考虑到人体在内部做支撑的效果，"物"随着"人"的转折而转折。下面我们用一双穿在脚上的靴子的线稿为例来进行讲解。

穿在脚上的靴子线稿示范

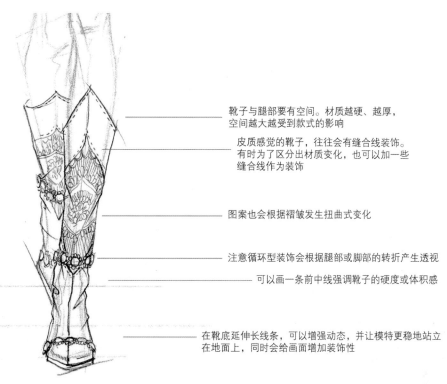

靴子与腿部要有空间。材质越硬、越厚，空间越大越受到款式的影响

皮质感觉的靴子，往往会有缝合线装饰。有时为了区分出材质变化，也可以加一些缝合线作为装饰

图案也会根据褶皱发生扭曲式变化

注意循环型装饰会根据腿部或脚部的转折产生透视

可以画一条前中线强调靴子的硬度或体积感

在靴底延伸长线条，可以增强动态，并让模特更稳地站立在地面上，同时会给画面增加装饰性

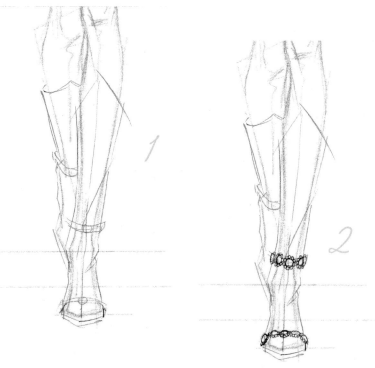

step 01:

- 先用轻松的线条画出靴子的大概形状
- 画一些简单的分隔装饰物的辅助线

step 02:

- 先画出靠前的靴子及上面的装饰
- 注意透视变化，装饰宝石的形状，因腿部结构，会由圆形逐渐变成椭圆

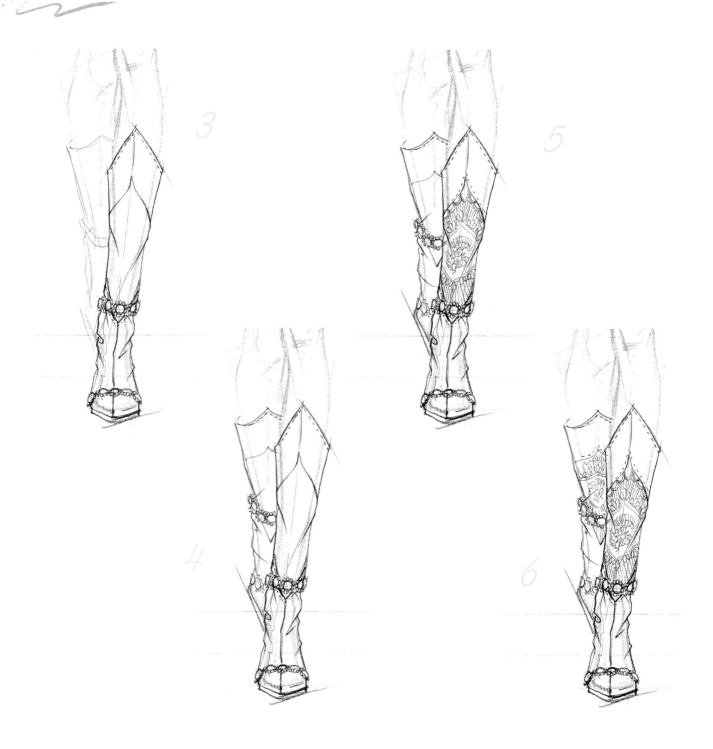

step 03:

- 画出左脚上靴子的具体轮廓和款式
- 可以用较轻的线条装饰转折的位置

step 04:

- 用同样的方式画出右脚上的靴子
- 用稍轻的笔触，适当简化右脚靴子的结构

step 05:

- 用稍轻的笔触画出靴子上的图案
- 图案会因为褶皱而产生不同程度的角度变化

step 06:

- 画出右脚靴子上的图案
- 用稍轻的笔触表达，并适当对图案进行简化

1.4.9 如何用手拿住包

通常人们携带包的方式可分为挎、抓、托、提、背等几种。手虽小，但是关节很多，因此画手成了很多人绘画的难点。下面主要为大家示范手拿包的绘画方法，在表现手与包的关系时，一定要注意考虑包的软硬，通过手拿包的部位凹陷程度可以表现出包的材质特点。

手拿包线稿示范

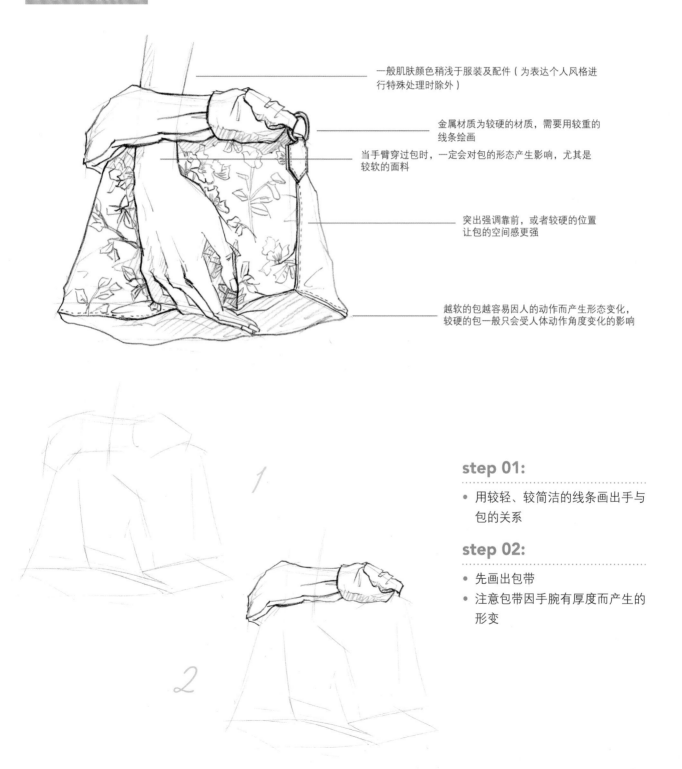

一般肌肤颜色稍浅于服装及配件（为表达个人风格进行特殊处理时除外）

金属材质为较硬的材质，需要用较重的线条绘画

当手臂穿过包时，一定会对包的形态产生影响，尤其是较软的面料

突出强调靠前，或者较硬的位置让包的空间感更强

越软的包越容易因人的动作而产生形态变化，较硬的包一般只会受人体动作角度变化的影响

step 01:

• 用较轻、较简洁的线条画出手与包的关系

step 02:

• 先画出包带
• 注意包带因手腕有厚度而产生的形变

step 03:

- 详细刻画出包带、手与手臂
- 较软的包会因为被手捏住或抱住，形成不同程度的凹陷。包在与手接触的位置会遮挡住一部分手的轮廓

step 04:

- 先画出包带头上的挂牌以及包侧面和底面的结构
- 在皮质面料部分和包的侧面与底面位置加缝合装饰线
- 较远且较软的位置，线迹较轻
- 包底因手托起而形成凹陷

step 05:

- 完成包的整体结构
- 调整整体，简单而轻松地画一些褶皱
- 补充一些阴影

step 06:

- 用简单而轻松的线条画出图案
- 图案会因为远近或凹凸，形成不同程度的深浅变化

Chapter 02

Photoshop常用
技法和上色技巧

　　在大学学习期间，大部分人关于效果图方面的学习主要放在了手绘上。而当我们踏入社会，工作后，对于软件的运用又变得尤为重要。每个人都有自己习惯的画图方法，也会使用不同的软件，在本书中主要为大家介绍的方法为Photoshop搭配手绘板的形式。Photoshop并不是唯一可以画服装效果图的软件，但却是软件中比较基础且常用的一个，因此掌握好这个软件可以事半功倍。而手绘板是一个可以代替鼠标，并更贴近手绘感觉的中间媒介，更有利于我们用软件画出类似手绘效果的效果图。

　　上一章节进行了手绘线稿的讲解，这一章主要介绍一下Photoshop在本书讲解的绘画方法中经常用到的工具和上色方式。

2.1 Photoshop在行业中的优势

2.1.1 塑造品牌形象

公司由每个独立的个体组成，每个个体都来自不同的地方，也都拥有自己的特点和优势。大部分公司会制定一系列规章制度、品牌定位、公司文化、公司宗旨等。每一个加入公司的员工都需要一个从适应到融入的过程，设计师也不例外。大部分设计师都有自己喜欢的设计风格和画风，但工作的品牌风格却不一定刚好适合自己。这个时候就需要设计师进行取舍，如果想要在公司立足，并取得一定发展，就一定要成为对公司有益的人。

对于服装设计师而言，最需要适应公司的一点就是要设计出公司需要风格的服装产品。任何个人特色中的优势部分，都需要在品牌风格的基础上进行优化，服装效果图也就变成了第一个需要适应的环节。但画风并不是一时半刻就容易改变的，在这个时候，适当利用电脑软件，可以更容易达到"统一风格"这件事。

很多服装公司尤其定制品牌都有自己的效果图画风，他们会有自己的效果图模特形象。这样一是代表了品牌风格，二是给客户看效果图的时候更容易产生信任感。我们也可以为品牌设计一个独特的模特形象，比如腿很长、脑袋很小、没有五官或没有手臂等。这个时候可以将只有人体，没有穿着服装的人形稿确定好，并扫描到电脑里，变成设计师画服装款式前的底图。这样不管设计师擅长什么风格、水平高低、有多少设计师，都可以达到大体上的画风统一。尤其在后期上色宣传的过程中，会起到至关重要的作用。同时这样还可以省去大量画效果图的时间，以保证公司研发和生产的速度。当然，借助软件只是其中一个方法，是为了让我们在更短的时间内在风格上达到与公司风格融合统一的手段。

2.1.2 快速改图

也许很多人会说，在很好地掌握手绘效果图技法后，纯手绘会更加方便且随时随地绘画，不会因为没有电脑而无法绘画。但有些时候，我们也需要根据客人的需求反复修改效果图，或者在一些特殊情况下，为了达到最终完美的效果反复修改设计方案。这些时候借助电脑绘图就比纯手绘要方便且实用很多，避免了因为一个小细节，而必须重新绘画全部效果图的情况。

其实整张效果图的完成过程是相当消耗时间和精力的，但却不一定是设计师或者客户最终想要的效果。手绘相对于电脑而言更考验设计师的绘画功底，因为从第一笔画下到完成效果图，所有的过程都不可以修改。而电脑绘图有很多电脑软件中已经匹配好的笔刷和叠图效果，可以做到手绘不好实现的特效。甚至如果颜色没有选择妥当，也可以随时进行调色或直接修改替换，这样就非常方便了。

2.1.3 吸引甲方眼球的渲染

效果图上可以是单一的人物与服装，也可以是一系列服装组合在同一个画面中，还可以加入周围环境渲染氛围，甚至搭配完整的环境背景。有的时候，效果图的表现形式，也会在很大程度上影响到甲方第一眼看到设计图后的感受。优秀且完整的服装效果图，一定会更容易得到认可。

比如有一些群舞类舞台服装效果图，在绘画方法上可以用这样的方式：先绘制一款服装效果图，然后通过多次复制粘贴的方式复制出群舞时的众多舞者，再调整布局和层次，最后就能够营造出一幅群舞的场面了。这种情况非常适合使用电脑来绘画服装效果图，可以很好地营造出舞台气氛。Photoshop软件中还有很多简单实用且风格各异的笔刷，比如：中国风笔刷、油画效果笔刷、水彩效果笔刷等。笔刷甚至可以直接用来表现各种动物的皮毛、布料肌理和亮晶晶的闪光效果等，这些都有助于我们渲染出不同的气氛或画出服装的质感。尤其在绘画舞台服装效果图时，很多时候在我们要上交的方案中，需要配有一些舞台背景或表演环境，它可以渲染出艺术气氛。这个时候如果合理利用电脑绘制服装效果图，会节省很多力气，且方便营造特殊的视觉效果。

2.2 Photoshop软件简单且常用的几种操作方法介绍

Photoshop是非常基础的一个软件，软件功能比较全面且操作相对简单，不同的设计领域对Photoshop都会有自己习惯的使用方法。在本书中，主要介绍几种相对简单且实用的功能，也是我在服装效果图的绘画中经常用到的功能。这几种功能，很适合不太会使用这款软件的初学者，只要熟练掌握便能画出相对完整且漂亮的服装效果图。

2.2.1 电脑和手绘板的推荐

电脑对于绘画效果图的影响，主要是表现在以下几个方面：第一，是否可以连接手绘板；第二，是否可以不卡顿地运转图层很多且分辨率超高的文档；第三，电脑的内存如何，显卡是否会产生较大色差。一般常见的电脑品牌有：惠普、联想、苹果、戴尔和华硕等。无论选择哪种品牌，都一定要选择尽可能大的内存，且显卡要好。这样有利于创建更多分辨率较高的图层，且保证绘画过程的顺畅。另外设计师的电脑对于颜色的要求很高，因此色域也要足够广。

关于台式电脑和笔记本，各有各的优缺点。同等价格的台式电脑要比笔记本配置高、性能好，因此台式电脑相对笔记本而言性价比会高一些。但台式电脑占地面积较大，而笔记本电脑更为轻薄便捷，更方便随身携带。如果经济条件允许能够两种电脑全部配备是最好的，但如果只能选择一种，还是比较推荐买一个性能比较好的笔记本电脑。

手绘板搭配触控笔使用，推荐WACOM品牌，性价比高，且好用、耐用。WACOM一直在持续更新，且包含有不同型号、不同大小的板子。推荐使用中等大小，较新型号即可。服装效果图需要的分辨率不如大幅海报或场景图所需的分辨率高，因此中等大小，或稍小一点的手绘板比较好掌控，更便于新手适应板子，绘画过程中的投射感也会更容易适应。

2.2.2 安装笔刷

在使用Photoshop绘画前，可以先安装一些常用且很出效果的笔刷。笔刷可以直接在网上搜索"PS笔刷"，能够找到很多可以下载笔刷的网站，或者直接在一些付费素材网站搜索，另外也可以在绘画中随时存储、制作属于自己的笔刷。

首先我来介绍一下安装或建立笔刷的几种方式。

方法一 直接下载安装

即在需要时从网页上直接下载需要的笔刷。我们以笔刷文件"deoR 2019.tpl"为例进行示范。

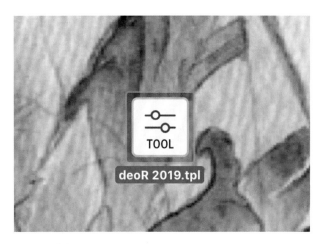

step 01:

- 首先下载笔刷到指定文件夹或桌面

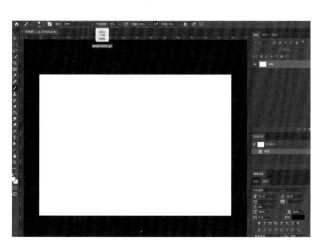

step 02:

- 在文件夹中按住下载的笔刷文件直接拖拽到已打开的Ps软件中

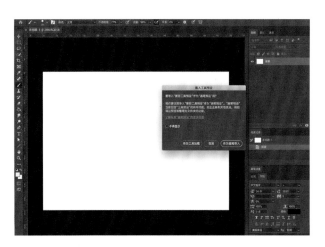

step 03:

- 松手后画面显示"载入工具预设"对话框
- 点击"作为画笔导入"

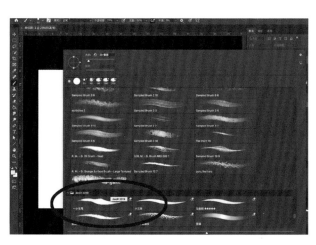

step 04:

- 鼠标左键点击左侧工具栏中的"画笔工具"
- 鼠标右键选择画笔样式，下拉菜单至底部，新安装的画笔便出现在最后一栏了，至此安装完成

方法二 在软件内选择安装

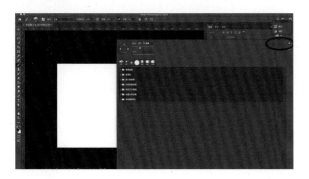

step 01:

- 点击左侧工具栏中"画笔工具"，右键打开对话框
- 点击右上角图标

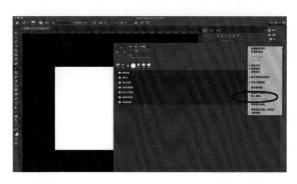

step 02:

- 点击"导入画笔"后，便可以在已下载的画笔位置选取要导入的画笔了

方法三 制作属于自己的画笔

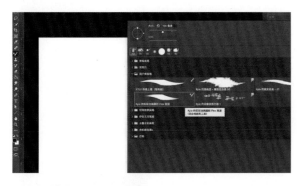

step 01:

- 首先新建一个文档，在已有画笔中选择一种要使用的画笔

step 02:

- 画一个想要留存为画笔的图案

step 03:

- 选择左侧工具栏中"矩形选择工具"，框出这个图案

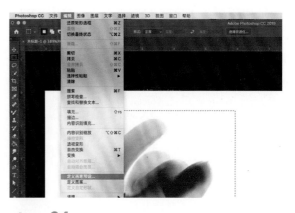

step 04:

- 打开"编辑"，选择"定义画笔预设…"

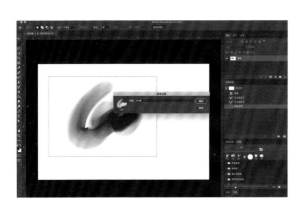

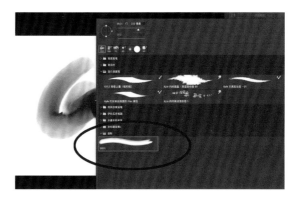

step 05:

* 弹出对话框"画笔名称"，输入想要命名的画笔名称

step 06:

* 新建的画笔便保存好了

2.2.3 把手稿导入PS软件里的几种方法

在本书中，我们主要讲的效果图绘画方法为手绘线稿搭配Photoshop上色的方式，因此在使用Photoshop的第一步就是把手绘线稿导入软件中。下面介绍一下能够把线稿导入Photoshop中的几种方法。

方法一 扫描仪扫描

扫描仪有几种不同的尺寸型号，常见的有A3、A4、A5，选择平时常用的纸张大小即可。如果经济条件允许，建议尽量购买比常用的画面尺寸稍大的型号，这样可以包容多种尺寸的纸张。扫描仪常见品牌有佳能、爱普生、松下等。

用扫描仪扫好设计图后，直接拖入Photoshop软件中，进行上色即可。使用扫描仪的好处是，操作方便且扫描后的图片很清晰，更贴近手绘效果。

方法二 手机扫描APP

常用扫描APP有：扫描全能王、扫描宝等。可以多下载几款，分别尝试，挑选适合自己笔触的APP进行使用。手机扫描APP的优点是可以随身携带、随时扫描。缺点是受光线影响较大，且通常无法调节出合适的曝光度，使画面失真。

方法三 拍照后修图

手机直接拍照也是一种方法，优点是受画纸大小影响较小，操作简单，另外可以保留一

些手绘笔触感。缺点是画面光线不均匀，且很容易受到光线影响，并且清晰度稍低。用手机拍照后的效果图，在导入PS软件后先要进行抠图处理，通常抠图使用的是Ps软件中的"钢笔工具"或"套索工具"。抠图过后再进行对比度和亮度调节，找到上方工具栏选择"图像—调整"，常用到的几个选项为"亮度/对比度…""曲线…""去色…"等。

2.2.4 几种值得推荐的上色方法

大部分人使用Photoshop的方式是更多地运用软件的特点"做图"，而本书想要讲解的方式是尽可能地利用软件还原"手绘"。所以在这里不会过多讲解软件的使用方式，而是更侧重于利用软件去绘画。为了达到较好的手绘效果，先在此介绍几种便于上色的方式。

方法一　选择画笔，直接涂色

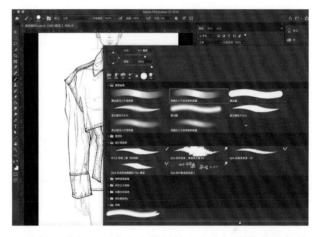

- 将要上色的线稿拉入PS软件
- 创建新的图层后再上色

- 选择一种想要用来上色的画笔。上色初期推荐选择笔触边缘较虚化的画笔

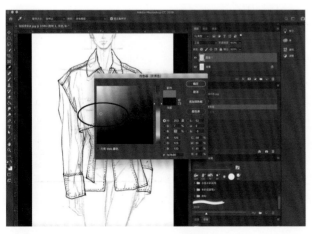

- 点击左侧工具栏中的"设置前景色"打开"拾色器（前景色）"，选取一个需要的颜色

- 设置图层混合模式为"正片叠底"，或按照自己的设想选择一个需要的模式

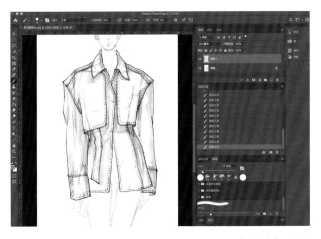

- 调整上方工具栏中笔触的不透明度。非必要情况下，前期建议不要选择100%不透明度

- 设置完成后就可以上色了，由于不透明度的选择和触控笔的特性，根据力度和层叠次数不同，颜色会发生深浅变化

方法二 选取区域，整体填色

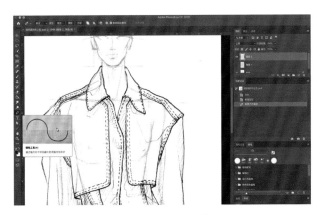

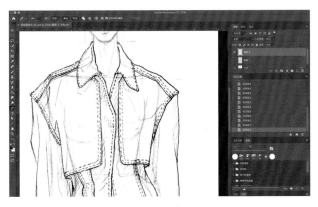

- 在左侧工具栏选择套圈工具或钢笔工具
- 上色前一定要先建立新图层

- 用钢笔工具圈出要上色的区域
- 鼠标或触控笔按住拖拉，可以变换线条弧度和角度。调整好后Windows键盘可单击Alt键，Mac键盘单击Option键代表操作结束。

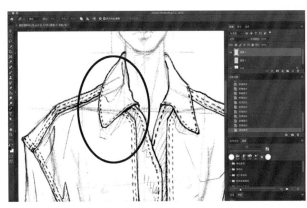

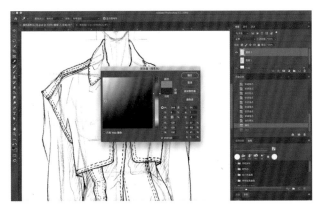

- 把路径转换成带有虚线的选区，Windows键盘快捷键按Ctrl＋回车键，Mac键盘快捷键为Command＋回车键
- 此时选取区域被虚线包围

- 选择左侧工具栏的"设置背景色"打开"拾色器（背景色）"，选择需要的颜色

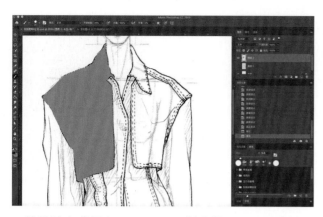

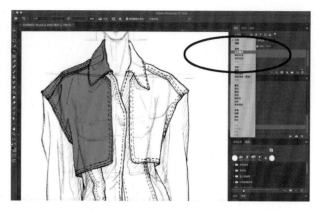

- 快捷填充背景色，Windows键盘按Ctrl + 删除键，Mac键盘按Command + 删除键
- 填充前景色，Windows键盘按Alt + 删除键，Mac键盘按Option + 删除键

- 设置图层混合模式为"正片叠底"，这样底图线条便可以透出来了

- 选择画笔工具，用"方法一"的方式进行直接涂色，同时进行明暗补充
- 完成后取消选区，Windows键盘按Ctrl + D，Mac键盘按Command + D

方法三　直接贴图，融入画面

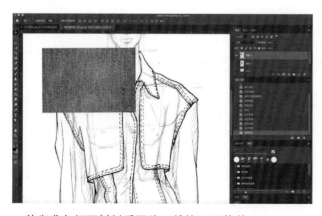

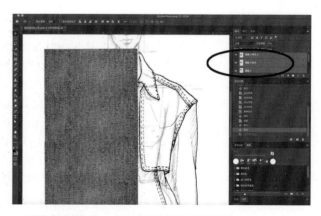

- 首先准备好面料材质图片，并拉入PS软件
- 通常图片拉入软件时，要先形成新的独立文档，然后再复制粘贴至需要的文档中
- Windows键盘按住Alt键，点击图片进行复制拖拽到要贴图的位置，Mac键盘按住Option键

- 继续复制粘贴，直至将预填图区域铺满
- 点击最上方图层，Windows键盘按住Ctrl键，Mac键盘按住Command键，再点击要合并的最后一个图层，将要合并的图层全部选中

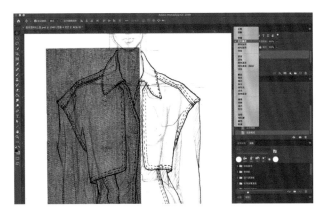

- Windows键盘按Ctrl＋E，Mac键盘按Command＋E，合并所有选中图层为一个图层
- 设置图层混合模式为"正片叠底"

- 按照方法二的方式圈出想要贴图的位置，Windows键盘按Ctrl＋Shift＋I键，Mac键盘按Command＋向上箭头＋I键，反选区域

- 按删除键删除不需要的位置，或直接用橡皮擦擦掉不需要的位置
- 新建一个图层，调整图层模式为"正片叠底"，选择画笔工具准备调整颜色

- 按照之前的方式调整明暗
- 建议每新画一个颜色都添加一个图层，为每个图层选择合适的混合模式

2.2.5 如何营造高级感

营造气氛一定是建立在基础效果图绘画完成之后的，营造气氛不是服装效果图中必须要表现的部分，但却可以为效果图增加高级感。其实气氛的营造可以从构图开始，首先从构图上让画面充满视觉冲击力。然后适当表现服装结构，将画面进行繁简调整处理。上色后，可以再适当加入一些背景或者装饰线营造气氛。

绘制不同类型的服装效果图，需要不同的深入程度和绘画方式。一般成衣设计师在绘画服装效果图时主要侧重于表现款式细节和材质等，动态多以T台行走姿态为主，要体现时尚感。因此在气氛营造上要点到为止，才简洁而高级。高级定制服装一般工艺较为复杂，且服装上的手工装饰较多，并且设计师除了设计品牌新款以外，还经常遇到定制客人的独立设计需求。因此要在让客人看得懂设计图的基础上，适当优化和渲染，需要画出较为华丽的服装效果图。舞台服装设计师对绘画基础要求比较高，并且是绘画服装效果图中最需要掌握更多绘画技能的设计师。在服装设计的过程中还要考虑戏剧人物特点，同时也要考虑到舞台设计、灯光设计等多种因素对服装设计的影响。因此很多舞台服装效果图都需要包含背景环境方面的绘画和渲染，可以在效果图中适当增加艺术效果，从而增强人物特点，使服装设计更加生动。

下面主要介绍几种好用且易出效果的渲染方式。

方式一 选择区别于白纸的底色

通常服装效果图都使用白色作为背景底色，一些较有风格的设计图，可以选择一些不同的底色，比如灰色底、黑色底等。当选择不同的底色后，笔触的颜色可以更换成与底色更搭的色系，使画面效果更协调。比如灰色或者黑色底色，可以选择白色画笔进行绘画。

方式二 简单刷一些笔触作为装饰

简单的笔触装饰可以恰当地营造出时尚感，并加强效果图与背景的融合感。通常颜色可以选择效果图中本身就存在的一种主色，或效果图中主色的对比色，也可以选择与背景同色系但不同明度的颜色。

方式三 用不完整的方式表现更完整的视觉效果

服装效果图有不同的绘画风格，常见的有表现较为细腻的彩铅绘画，也有表现轻松且粗犷的马克笔绘画。而利用手绘加电脑绘画的方式，可以将几种不同的笔触或风格融为一体，加强想要细致刻画的部分，放松个别可以省略的位置，这样能够增强视觉冲击力和艺术效果。比如Alexander McQueen 2009秋冬效果图中就着重表现了皮毛和皮手套，放松了对帽子、远处的皮草和皮裙的表现。

XUANPRIVE33 2018 定制款

Patrizia Pepe 2020/21 秋冬

Alexander McQueen 2009 秋冬

Master Yue　2020 秋冬

Master Yue　2021 春夏

方式四　叠图装饰，增强视觉冲击力

　　这种方式通常可以用于舞台服装效果图的群舞设计图里，但在时装效果图中也可以适当利用。后期可以调整图层透明度，或者以单线的形式进行装饰。

方式五　局部放大，突出设计重点

　　将设计的重点放大，并作为一种装饰放在画面中，可以为设计图增加精致感。尤其一些带有重工装饰的细节，放大点缀，也可以为设计图增加装饰效果和奢华感。一般这种方式可以用于高级定制服装的效果图，或纯装饰性服装效果图绘画中。在突出放大的同时，不可以忽视掉主要的服装，切记不可以喧宾夺主。

方式六 让服装效果图呈现更多维空间

　　舞台服装设计效果图相对于其他类别效果图需要在更多维空间进行表达。舞台服装通常要建立在一个情节或者一个场景里，服装设计要考虑到周围环境的颜色或者人物的性格特点等。因此在绘画服装效果图时，不能仅仅单方面只对款式进行思考，同时还要将服装融入到环境中一起进行思考。这样人物出现在画面中时才会更加立体，呈现出一种比其他类别服装效果图更加有厚度的人物形象。多维度空间感是舞台服装效果图中不可或缺的一项表达，优秀的舞台服装设计，要让观者有身临其境之感且具有使观者瞬间感受到人物特点的能力。

2.2.6　上色技巧及注意事项

　　第一，每画一个新的颜色，最好新建一个图层，这样便于后期调整图层颜色或者图层模式。运用电脑软件进行绘图的最大优势是，当第一

《歌剧魅影》服装效果图

次颜色表现的不够完美的时候，可以在后期调色修改，避免因二次绘画造成时间上的浪费。

　　第二，每完成一个图层，养成随时保存的习惯，以免因电脑断电或其他意外，导致丢失所有图层。"快速保存"快捷键，Windows键盘为"Ctrl + S"，Mac键盘为"Command + S"。

　　第三，一般第一遍上色选择图层模式为"正片叠底"，且颜色不宜过实，这样更有利于发挥触控笔的压感功能，并透出下方的线稿。开始用较薄的颜色上色，也更容易画出丰富的层次感，甚至可以给人类似水彩或者马克笔的视觉效果，让画面充满透气感。

　　第四，上色时不要像是在刻意填满颜色，不经意的"出边"和"留白"可以给人更放松的感觉。

　　第五，在不熟悉用彩色处理黑白灰时，可以在涂底色前先用淡灰色或其他单一颜色统一画出整体明暗。另外正常情况下肤色不用灰色打底，以免把皮肤弄脏。

　　绘制服装效果图如同绘制水彩和素描等其他绘画作品一样，需要不断尝试并反复练习才会逐渐进步，时间及张数是最好的经验积累方式。

Chapter 03

时装设计师
服装效果图技法
——行走的时尚

3.1 什么是时装设计师

3.1.1 需要掌握的技能和工作职责

时装设计师的工作职责主要包括：①根据不同的流行趋势制定新一季度设计企划；②根据新的企划设计新品并绘制服装效果图；③寻找新品面料；④注重市场调查；⑤搜集并掌握各大时尚平台动向与当今流行趋势；⑥了解服装制版及基本制作工艺；⑦较好的沟通能力；⑧了解服装生产流程；⑨拥有基本的软件使用能力等。常用软件有：Photoshop、CorelDraw、AI、CAD等。通常要具备手绘能力、基础的制版能力、裁剪能力和制作能力。历来比较厉害的服装设计师，基本在服装制版和制作方面都有较为突出的能力，这样不仅便于与版师沟通，同时更有益于研发出更新更优秀的服装。

时装设计师是三类服装设计师中最"遵守时间规律"的设计师，通常一年中会分为四个季度设计服装新品。同时要考虑每一年、每一季度不同的流行趋势，包括对款式、面料、颜色和搭配等流行趋势的掌握。通常一个系列新品会有一个特定的主题，并会提前一年发布下一年这个季度的新品。

时装设计师一定要具有对时尚更强的洞察力，并且要对新鲜事物保持探索心和敏感度。大部分品牌通常会每年举办两场新品发布会，即时装秀。时装秀通常会有几个不同的目的，第一为新一季度服装单品的发布，第二为品牌宣传，第三为吸引消费群体或合作商。因此确保品牌每年的新品都够"新"、够"时尚"、够"定位精准"也可以说是时装设计师的一个重要任务。有很多渠道都可以提高设计师的眼界，比如向国际成熟服装品牌学习、多逛艺术博物馆、从网站获取资源、培养自己的审美和对专业技能的不断提升等。时装设计师在具有时尚眼光之前，设计的产品一定是建立在实用的基础之上，因此要定期做市场调查，了解目标客户群体的穿衣习惯和根本需求。任何一款产品都是建立在解决"生活问题"的基础之上的，因此设计要即实用又具有前瞻性。

3.1.2 可能接触到的相关部门

一个服装公司一定是团体性作业的，绝不是一个人独自工作便可以支撑的。服装设计师在其中承担的模块主要是在设计研发方面，但同时也会接触到其他部门。比如：①销售部。通过销售情况了解到客户需求及产品设计成功率，通过上一季度销售总结及下一季度销售预测随时调整设计方向。②公关部。配合公关媒体部门，设计符合品牌风格且适用于宣传的款式，为公司增加曝光度。③制作部。与制作部门的沟通是我们服装设计师最基本也是最重要的工作之一。通常我们设计好一款服装后会下单到制作部门进行制版和白坯制作，之后再与制作部门沟通并调整版型及工艺，然后才会进行第一款样衣的生产。制作成功的样衣会再进行下一轮调整，最后再进行批量生产，因此这个环节非常的重要。④面料商。任何一款服装的研发都逃不开对新款面料的探索，因此不断寻找新型面料和与面料商保持定期沟通，并定期参加面料发布会也是我们服装设计师的一个重要的任务。

3.1.3 职业发展路线

一个较为成熟的服装公司会把各个职位分得比较精细。对于服装设计部门设计师的晋升之路，通常是从设计助理职位开始的，这个职位主要招聘的是刚毕业的学生、新转职人员或经验不太丰富者。主要任务是协助设计师完成设计任务，面辅料选购和协助下单新款，并与版师或工厂沟通，还需要进行设计会议记录及整理等一系列辅助工作。当拥有一定经验，并对设计工作有充分的了解后，可以选择升职为设计师，这个时候便可以独立设计新品，把工作内容主要调整为以设计新款为主了。一些小的设计工作室，通常不会将这两个职位明确划分，即设计师既要设计新品，同时也要做一些基础类工作。

设计师再下一阶段的晋升目标便是设计主管或首席设计师。这个职位基本上就是设计公司里的核心了，他不仅要负责每个季度重要的产品设计同时要把控好每个设计师的风格，确保在统一调性里按时完成新品研发。

设计主管之上便是最高级别——设计总监，主要负责制定每一季度大的方向及掌握好品牌整体风格，以及下发设计任务到每位设计师。有时设计总监也同时是品牌创始人，是品牌的灵魂。

很多设计公司不会划分过于细致，甚至只有设计总监和设计师两种级别。也有一些公司设计师的工资由底薪和销售额两部分组成，这就十分考验设计师在设计过程中的市场把控能力了。总之很多真正热爱或者具有较高综合能力的设计师，都会成立自己的服装品牌，从而成为设计总监，这也是作为设计师奋斗的目标。

我国服装品牌虽然起步较晚，但随着设计师数量不断增加和日积月累的经验累积，中国设计师的品牌也逐渐在国际舞台上得到了认可，身为服装设计师应有一份将我国本土品牌带出国门的责任感和使命感。

3.1.4　效果图经验分享

服装设计师画效果图需要注意的几个方面：款式结构清晰、材质表达明确、注重穿着搭配、画面呈现出时尚感。

服装效果图的出发点一定是站在为服装设计服务的基础之上，因此款式结构要表达清晰，能看出服装款式是基础，不然会失去一定的功能性。当然也有很多只有设计师本人才看得懂的设计图，但这会不利于与版师沟通。并且在学习服装效果图初期不建议画得过于抽象，艺术效果是逐步简化形成的，是建立在心中有明确的结构基础之上的意向表达。

材质表达明确可以为后期选择面料，或体现服装质感提供帮助。但材质的表达有时会受到绘画工具的影响，比如马克笔通常会塑造相对硬朗的线条，对于柔软的材质更适合用水彩工具。但如果运用软件进行绘画，比如用PS上色，则会解决这个受绘画工具影响的因素，便于更加丰富地体现出服装的各种质感。

服装设计绝不仅仅是款式设计，同时还包括了颜色、穿着搭配和流行趋势等的设计。因此在设计一款服装时要同时考虑到配饰，比如帽子、鞋、包或者头饰等，对于这些配饰也要注意其不同于服装面料的材质表达。甚至有时候，我们可以为了强调风格而过分夸张的表现饰品。

关于呈现出时尚感，需要融合以上的所有内容，然后再通过构图或者一些辅助性渲染来综合呈现。时尚感是从绘画一个模特开始的，有时候模特的姿态和五官感觉也很重要，我们在绘画初期可以尽可能多的写生，比如直接把正在流行的模特五官画在效果图里。运用不同种工具进行效果图的绘画，会呈现出不同风格的时尚感。运用软件绘图的好处是，所有特点我们都可以选择相似的笔触进行表达，并会呈现出更多维度的可能性。

在使用PS进行服装效果图绘画时，我们更容易形成组图，并可以在设计图中将好几组不同服装效果图进行重新排列组合。还可以在画面中贴入服装款式图，这样可以使画面视觉冲击力更强，功能也更加完善。在PS软件中我们可以借助"拼贴""解构"和"重组"等艺术手法，来呈现出一种视觉艺术形式的效果图。因此在学习用PS软件进行效果图绘画时，也可以多学习一些其他的艺术表达方式，将一些有用的元素融会贯通到软件中，这样能够更丰富我们的画面。

3.2 常用面料表现技法

下面我们根据面料特性进行分类，讲解手绘线稿搭配PS上色的步骤 。第三章详细介绍了一张用Photoshop上色的效果图的绘画过程，上文中提到过的功能在下面的步骤中主要以文字解说的形式进行讲解。线稿主要以自动铅笔或铅芯硬度为B的铅笔为主来绘制，画稿用扫描仪扫描的形式扫入电脑，然后再用Photoshop搭配手写板进行上色。线稿主要采用T台行走的姿势做示范，人物比例参考之前讲解过的女人体比例进行绘画，在此章节将对绘画步骤进行进一步升华处理，主要必须将人体比例放于心中再进行绘画。首先用简洁的线条画出人体大概形态，再进一步画出服装及人体细节，最后在软件中上色。以下为具体步骤讲解。

3.2.1 纱质面料表现技法

用较薄的颜色，通过不同层数的叠加，表现出纱质面料层层叠叠的效果

褶皱的位置，或者服装的边缘，可以用较厚的颜色表现，这样更容易营造出薄纱透肉的感觉

舍弃掉内层相对不重要的结构，以简单的线条表现

贴近面料的肌肤，肤色较明显

Acne Studios   2021春夏

step 01:

- 用简洁的线条画出人体的大动态，比例参考之间讲过的女模特"T台行走的姿态"部分，在此不再做赘述

step 02:

- 进一步用简洁的线条画出人物五官位置及服装的大结构

step 03:

- 由头部开始进行详细刻画，仔细刻画出五官
- 详细画出耳饰结构及头发细节

step 04:

- 画出肩部细节
- 画出胸部的衣服褶皱及肩带中最大的一根

step 05:

- 画出从袖子中隐约透出的右手臂，并画出袖子细节
- 手臂虽然被纱遮挡，但手臂结构只是隐约可见，不必进行详细刻画

step 06:

- 画出裙子结构

- 内部打底衣物的结构用简洁且较轻的线条进行绘画

step 07:

- 画出左手臂及袖子结构

step 08:

- 详细刻画出小腿、脚、袜子及鞋

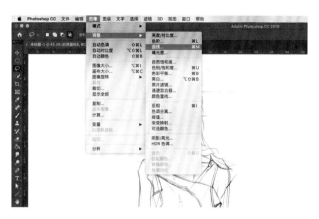

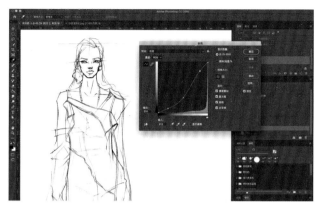

step 09:

- 新建一个文稿，将线稿拉入软件中成为图层，并调整到合适的大小
- 点击上方工具栏"图像—调整—曲线…"，将线稿加深，但要保证底色依旧为白色

step 10:

- 在"曲线"调整窗口中将暗部加深，将亮部提亮，从而加强对比度

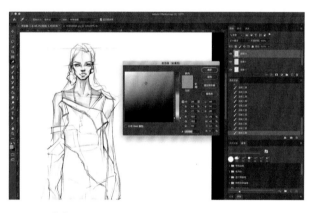

step 11:

- 新建一个图层，设置图层模式为"正片叠底"
- 选择画笔为"硬圆压力不透明度和流量"，将不透明度设置在50%左右
- 选择深浅不同的肉色为肌肤上色

step 12:

- 半透明面料会隐约露出肌肤，因此被面料盖住的个别位置也要画上肉色

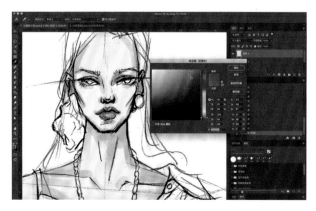

step 13:

- 新建一个图层，调整模式为"正片叠底"
- 选择橘色，将不透明度设置在30%～50%之间
- 为唇部上色并画上阴影，画出眼周的眼影

step 14:

- 选择深橘色加深嘴唇的暗部，并画出眉毛
- 用灰蓝色画出上眼睑阴影
- 用蓝色及黑色还有白色画出眼球

step 15:

- 新建一个图层，选择模式为"正片叠底"，用不透明度为50%的深棕色画出头发的底色
- 新建一个图层，选择模式为"正常"，用不透明度为100%的线条，用深棕色和白色，勾画一些发丝

step 16:

- 新建一个图层，选择模式为"正片叠底"

- 用不透明度为50%的淡蓝色平涂衣服底色，可以适当留白

step 17:

- 在同一层进行第二次渲染，把个别位置颜色加厚，形成初步的层次感

step 18:

- 新建一个图层，调整模式为"正片叠底"，选择更深一度的蓝色，加深服装暗部和服装边缘，加强对比度和层次感
- 面料层数越多的地方，颜色越实，越不会透出肌肤的颜色

step 19:

- 新建一个图层，选择模式为"正常"
- 选择不透明度为100%的白色，用线条的形式点缀一些白色的装饰线在服装的重点结构位置
- 拉长线条，做出装饰效果

step 20:

- 新建一个图层，选择模式为"正片叠底"
- 选择不透明度在50%左右的灰色，画出袜子和饰品的大概明暗关系

step 21:

- 新建一个图层，设置模式为"正常"
- 选择深灰色和白色，不透明度调整在80%左右，详细刻画出饰品的细节

step 22:

- 新建一个图层，选择模式为"正片叠底"，用肉色平涂袜子部分透出的肌肤
- 新建一个图层，选择模式为"正常"，用不透明度为100%的白色画一些线条，提亮亮面

step 23:

- 新建一个图层，设置模式为"正片叠底"
- 用不透明度在50%~90%之间的黑色，详细刻画出鞋子的细节
- 新建一个图层，设置模式为"正常"，用不透明度在80%左右的白色点缀鞋的高光位置

step 24:

- 新建一个图层，选择模式为"正片叠底"
- 选择灰蓝色，不透明度设置在60%左右，用较大的画笔在脚下画斜向扫射的装饰线

3.2.2 牛仔面料表现技法

头发颜色的深浅，可以根据服装的薄厚程度而发生变化

西装上的纹路以轻松的线条表现不用都画满，通过消失的线条强调服装的转折

牛仔面料有不同的肌理和颜色，选择适当的牛仔图片作为底色

面料的颜色在服装做缝位置会有明显的不规则和短线式深浅变化

Celine　2020 春夏

step 01:

- 用简洁的线条画出人体大动态
- 比例参考前文中女模特"T台行走的姿态"部分

step 02:

- 进一步用短线画出人体及服装的大体款式

step 03:

- 按照Chapter 01中介绍过的绘画方法将线稿仔细画出
- 个别需要的位置可以用简单的线条表现出阴影
- 在PS中新建一个文件，将画稿拖入文件中

step 04:

- 新建一个图层，选择模式为"正片叠底"
- 选择灰色，不透明度设置在60%左右，画笔选择"硬圆压力不透明度和流量"，先大致画出整体明暗关系

step 05:

- 新建一个图层，选择模式为"正片叠底"
- 选择深浅不同的两种肉色，不透明度设置在50%左右，画笔选择"硬圆压力不透明度和流量"，画出肌肤上的明暗关系

step 06:

- 新建一个图层，选择模式为"正片叠底"
- 选择深浅不同的两种橘色，不透明度设置在40%～80%之间，画笔选择"硬圆压力不透明度和流量"，画出嘴唇和眉毛
- 在"拾色器（前景色）"中显示的为本书推荐的深色部分备选颜色

step 07:

- 新建一个图层，选择模式为"正片叠底"
- 选择黑色，不透明度设置在60%左右，画笔选择"硬圆压力不透明度和流量"画出镜片下的明暗关系及眼睛的大概结构

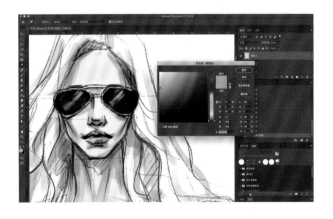

step 08:

- 新建一个图层，选择模式为"正片叠底"
- 选择深咖色，不透明度设置在60%左右，画笔选择"硬圆压力不透明度和流量"，画出镜片底色，注意留出镜片的反光
- 新建一个图层，选择模式为"正常"
- 选择白色，不透明度设置在60%左右，画笔选择"硬圆压力不透明度和流量"，画出镜片的高光

step 09:

- 新建一个图层，选择模式为"正常"，不透明度设置在90%左右，画笔选择"硬圆压力不透明度和流量"
- 先画出金属镜框预设颜色的中间色，用较深的有金属感的颜色画出镜框暗部，用拾色器（前景色）中所示的浅黄色提亮镜框亮面

step 10:

- 使用自行拍摄的照片或者以网络下载的形式寻找一张尽量与想表现出的牛仔面料肌理相似的牛仔面料图片，设置此图片为"牛仔面料素材1"
- 同样方法设置图片文件"牛仔面料素材2"

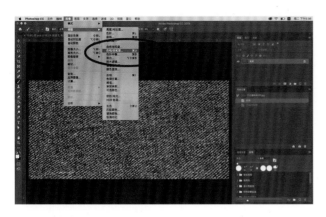

step 11:

- 打开"牛仔面料素材1"
- 点击上方工具栏"图像—调整—色相/饱和度…"，可以初步对面料颜色进行调整

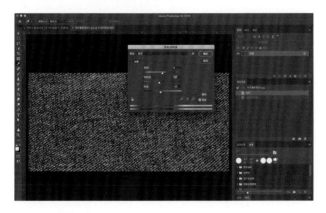

step 12:

- 调整参数，如"色相/饱和度"面板中所示

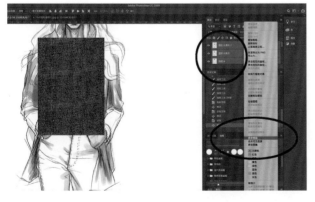

step 13:

- 将调整好的"牛仔面料素材1"拖入效果图文档中，不断复制粘贴并调整图片大小及方向，将要铺色的位置全部覆盖
- 选中所有带有牛仔面料的图层，点击右键，在菜单中选择"合并图层"，或Mac键盘按快捷键"Command＋E"，Windows系统按快捷键"Ctrl＋E"

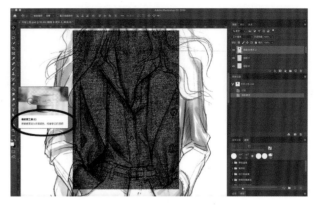

step 14:

- 将图片模式调整为"正片叠底"
- 此处去除牛仔面料多余部分有三种方法。方式一，选择左侧工具栏中橡皮擦工具将多余部分涂掉

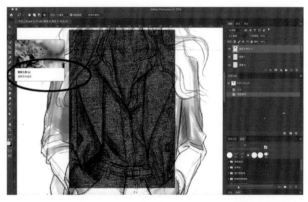

- 方式二，选择左侧工具栏中套索工具将不要的部分圈出后删除
- 另外有时用反选的方式先选出要保留的部分，再将选区反转直接圈出要删除的区域，而后删除，这也是一个很好用的小技巧。选区反选快捷键为，Mac键盘按住Command＋向上箭头＋I键，Windows键盘按Ctrl＋Shift＋I键

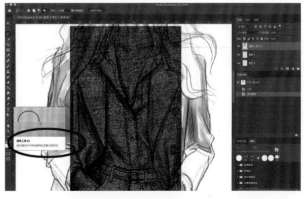

- 方式三，选择左侧工具栏中钢笔工具，将要删除的部分圈选出来，然后删除不需要的部分

step 15:

- 将牛仔面料图层的不透明度调整到80%左右
- 新建一个图层，选择模式为"正片叠底"，画笔选择"硬圆压力不透明度和流量"
- 选择深蓝色，不透明度调整到50%左右，画出衬衫暗部
- 再一次对衬衫底色进行调整。选择工具栏中"色相/饱和度"面板，将衬衫底色调整为更加合适的颜色

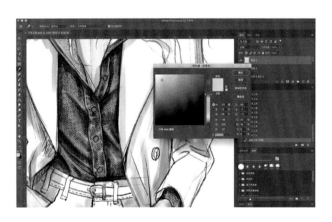

step 16:

- 新建一个图层，选择模式为"正常"，画笔选择"柔边圆压力大小"，调整不透明度在50%左右
- 用偏白的灰蓝色画出牛仔面料上泛白的位置，并提亮亮部

step 17:

- 新建一个图层，选择模式为"正常"，选择画笔"硬边圆"
- 画出衬衫扣子的正面和侧面，并用灰色画出扣子暗部

step 18:

- 用与处理"牛仔面料素材1"同样的方式将"牛仔面料素材2"拖入效果图文档，并抠除不需要的部分
- 选择上方工具栏"图像—调整—色相/饱和度…"，调整牛仔裤的底色

step 19:

- 选择左侧工具栏中减淡工具，简单提亮牛仔裤的亮面，加强立体感

step 20:

- 新建一个图层，选择模式为"正片叠底"
- 画笔选择"硬圆压力不透明度和流量"，颜色选择牛仔裤中较暗的蓝色，将画笔不透明度调整到50%左右，画出暗部的细节
- 在裤子边缘，用几笔颜色画出边线，让笔触看上去更放松

step 21:

- 新建一个图层，选择模式为"正常"
- 选择颜色为偏白的淡蓝色，将画笔不透明度调整到60%左右，刻画出牛仔裤亮面的细节

step 22:

- 新建一个图层，选择模式为"正片叠底"
- 画笔选择"硬圆压力不透明度和流量"，不透明度调整到50%左右，用头发的中间色整体铺色，简单表现出明暗关系
- 新建一个图层，选择模式为"正常"
- 用较深的棕黄色画出头发的暗部，并提亮一些发丝
- 用白色勾画出一些发丝，强调亮面

step 23:

- 新建一个图层，选择模式为"正片叠底"
- 选择画笔"硬圆压力不透明度和流量"，颜色调整为100%，用深蓝色整铺西装底色
- 新建一个图层，选择模式为"正片叠底"
- 用更深一度的蓝色，刻画西装暗面

step 24:

- 新建一个图层，选择模式为"正常"
- 选择黑色，调整不透明度到60%左右，画出扣子暗部
- 新建一个图层，选择模式为"正常"
- 用白色提亮扣子亮部，并用简单的线条点缀西装褶皱线

step 25:

- 新建一个图层，选择模式为"正常"
- 选择画笔为"柔边圆压力大小"，将不透明度调整到70%左右，用白色勾画西装条纹
- 仅勾画西装亮面部分，空出暗面

step 26:

- 新建一个图层，选择模式为"正片叠底"
- 选择橘色，调整不透明度到70%左右，整铺包的底色
- 新建一个图层，选择模式为"正片叠底"，画出包的暗部
- 新建一个图层，选择模式为"正常"，用深浅不同的有金属感的颜色画出包表面的标志

step 27:

- 新建一个图层，选择模式为"正常"，用同样的方式

画出腰带

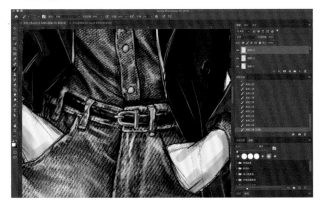

step 28:

- 新建一个图层，选择模式为"正片叠底"，画出鞋的暗部
- 新建一个图层，选择模式为"正常"，选择黑色，画出鞋边黑色线条和鞋带

step 29:

- 在最底层新建一个图层，选择模式为"正片叠底"
- 选择大画笔笔触，用灰色画出装饰背景

3.2.3 皮质面料表现技法

皮质面料的高光位置相对其他面料而言会明显一些

出边的处理会让画面看上去充满运动感

即使是全黑的料子，也要刻意处理出灰色的层次，这样可以让黑色更加透气

高光的形状会根据面料的转折而发生变化

皮子上一定要有高纯度的面料本色，这样会让皮子的质感表现的更明确

Valentino 2020 成衣

step 01:

• 用简单的线条画出人体动态

step 02:

• 进一步简洁地画出五官、发型及服装结构等

step 03:

- 详细画出线稿
- 将线稿拉入PS软件中
- 点击上方工具栏"图像—调整—曲线…"，调深线条

step 04:

- 新建一个图层，将模式调整为"正片叠底"
- 选择画笔"硬圆压力不透明度和流量"，将不透明度调整至50%左右，用深灰色画出暗面

step 05:

- 新建一个图层，将模式调整为"正片叠底"
- 选择画笔"硬圆压力不透明度和流量"，将不透明度调整到50%左右，用较浅的肉色和较深的肉色画出皮肤

step 06:

- 新建一个图层，将模式调整为"正片叠底"
- 用红色和咖色画出唇部和眉毛，用灰蓝色画出眼瞳，并对整体明暗做一个调整

step 07:

- 新建一个图层，将模式调整为"正片叠底"，画笔不透明度设置在40%～70%之间
- 用深咖色画出头发底色
- 新建一个图层，将模式调整为"正常"，选择画笔为"柔边圆压力大小"，不透明度选择100%，用较深的棕色及白色，分别勾画出发丝

step 08:

- 新建一个图层，将模式调整为"正片叠底"，选择画笔"硬圆压力不透明度和流量"，不透明度选择100%，用正红色整体画出红皮衣底色
- 新建一个图层，将模式调整为"正片叠底"，选择画笔"硬圆压力不透明度和流量"，不透明度调整至60%左右
- 用较深的深红色强调出暗部，注意颜色最深的部分面

积不宜过大

step 09:

- 新建一个图层，将模式调整为"正常"
- 画笔选择"硬圆压力不透明度和流量"，颜色选择白色，不透明度调整至60%左右，画出皮子的亮面和反光
- 由于皮质面料反光相比其他面料稍强一些，因此明暗对比也可以稍强，最亮的位置白色较实

step 10:

- 新建一个图层，将模式调整为"正常"，画笔不透明度调整为100%
- 选择一个鲜艳度比正红色稍微再高一点的红，将皮衣亮面个别位置红色加强
- 调低画笔不透明度，在皮衣周围刷几笔装饰色
- 注意皮质面料的褶皱感觉是比较有棱角的

step 11:

- 新建一个图层，将模式调整为"正片叠底"，选择画笔"硬圆压力不透明度和流量"，将画笔的不透明度调整至90%左右
- 用黑色为内搭连衣裙上色，大体画出裙子的明暗关系
- 新建一个图层，将模式调整为"正常"，选择画笔"柔边圆压力大小"，将不透明度调整到70%左右
- 用白色强调裙子的转折和边缘线，让褶皱更明确

step 12:

- 新建一个图层，将模式调整为"正片叠底"，选择画笔"硬圆压力不透明度和流量"，将不透明度设置在

90%~100%之间
- 选择纯黑色，为皮包整体铺色，注意颜色的薄厚变化，在第一次铺色时就要表现出层次

step 13:

- 新建一个图层，将模式调整为"正常"，选择画笔"硬圆压力不透明度和流量"，不透明度调整为100%
- 选择灰蓝色提亮皮子反光位置，用发红色的灰在靠近红皮衣的位置画几笔反光色
- 用纯白色画皮质反光位置，选择画笔"柔边圆压力大小"，强调结构线

step 14:

- 新建一个图层，将模式调整为"正片叠底"，选择画笔"硬圆压力不透明度和流量"，将不透明度调整到90%~100%之间
- 选择黑色画出鞋的整体明暗关系

step 15:

- 新建一个图层，将模式调整为"正常"，选择画笔"硬圆压力不透明度和流量"，将不透明度调整为100%
- 用白色点缀鞋子的高光，并勾画出边缘线

step 16:

- 新建一个图层，将模式调整为"正常"，选择画笔"硬圆压力不透明度和流量"，不透明度调整为100%
- 用带金属感的黄色先为耳饰打底，再用深色的金属感颜色画出暗部，用偏白的黄色点缀反光

step 17:

- 在线稿图层前面，新建一个图层，将模式调整为"正片叠底"，选择一种用来画出装饰笔触的大画笔，将颜色调整至50%左右
- 选择深红色，在脚底刷几笔颜色，让画面更沉稳

3.2.4 蕾丝面料表现技法

蕾丝的正反面可以通过蕾丝花纹的虚实不同来区分

越是精细的图案，越会使用到更多不同型号的笔刷

画好蕾丝图案后，要整体调整明暗关系，这样会增加立体感也可以在最初期就采用虚实、浓淡的笔触变化，直接做转折处理

黑色的亮面可以用发蓝的灰色来表现

Oscar de La Renta　2019/20 秋冬成衣

step 01:

- 用简洁的线条画出人体大概动态

step 02:

- 进一步画出服装的大体结构和人体动态

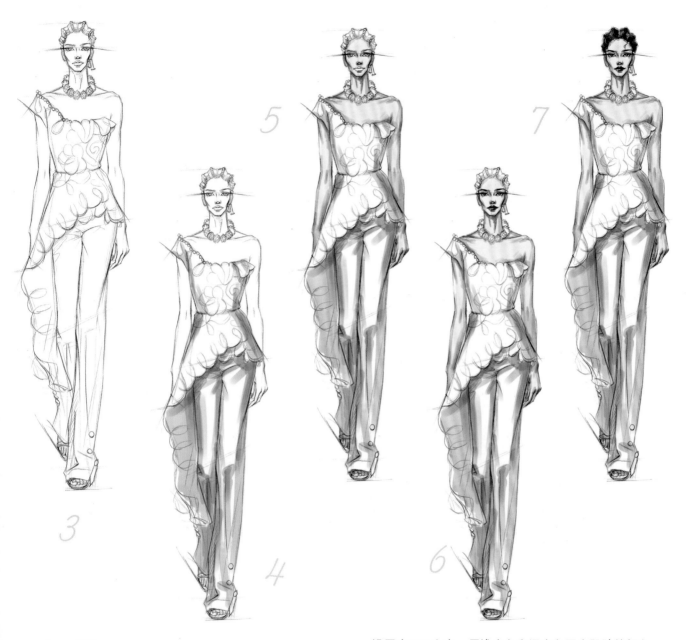

step 03:

- 详细画出各部分细节
- 蕾丝位置只需画出大概布局即可

step 04:

- 将线稿拉入PS软件，新建一个图层，设置模式为"正片叠底"
- 选择画笔"硬圆压力不透明度和流量"，将不透明度设置在60%左右，用深灰色画出暗面

step 05:

- 新建一个图层，设置模式为"正片叠底"
- 选择画笔"硬圆压力不透明度和流量"，将不透明度

设置在40%左右，用浅肉色和深肉色画出肌肤的颜色

step 06:

- 新建一个图层，设置模式为"正片叠底"
- 选择画笔"硬圆压力不透明度和流量"，将不透明度设置在50%～80%之间
- 用深棕色画出眉毛和眼皮深色的部分，用蓝色画出眼瞳，用红色和深红色画出嘴唇

step 07:

- 新建一个图层，设置模式为"正片叠底"，用深棕色画出头发的大体明暗关系
- 新建一个图层，设置模式为"正常"，用深棕色和白色勾画出发丝

step 08:

- 新建一个图层，设置模式为"正片叠底"
- 画笔选择"硬圆压力不透明度和流量"，将不透明度设置在80%左右，用较深的有金属感的颜色画出饰品底色
- 新建一个图层，设置模式为"正常"
- 画笔选择"硬边圆压力大小"，将不透明度调整为100%，用接近白色的淡黄色画出饰品亮面

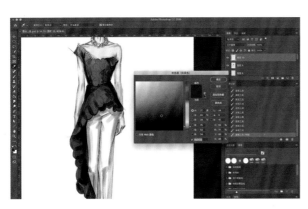

step 09:

- 新建一个图层，设置模式为"正片叠底"，选择笔触"硬圆压力不透明度和流量"，不透明度调整为100%
- 用灰蓝色画出蕾丝底色
- 调整颜色为深棕色，再一次强调蕾丝底色的暗面

step 10:

- 新建一个图层，设置模式为"正常"，选择画笔为"硬圆压力不透明度和流量"和"柔边圆压力大小"两种或更多笔触
- 将画笔不透明度设置在90%左右，画出蕾丝主要的分割图案

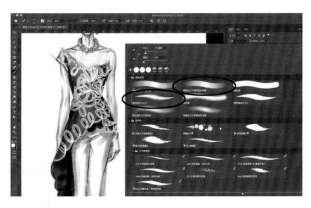

step 11:

- 新建一个图层，设置模式为"正常"
- 用同样的方式画出剩下的分割图案
- 注意线条会因面料的转折而引起方向上的变化
- 将亮面部分的蕾丝图案拷贝一层，以加重蕾丝的花纹
- 右键点击要复制的图层，单击"复制图层"

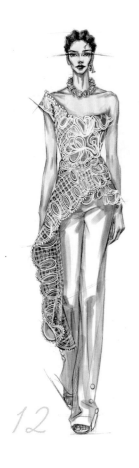

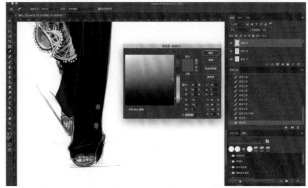

step 12:

- 新建一个图层，设置模式为"正常"，画出更细小的蕾丝图案
- 相同的图案可以采用复制粘贴的形式循环复制，快捷方式是在选择左侧工具栏中"移动工具"后，在Mac键盘按住Option键拖拽需要复制的图案到需要的位置（Windows键盘操作方式相同只是按住的是Alt键）

step 13:

- 新建一个图层，设置模式为"正片叠底"，选择画笔"硬圆压力不透明度和流量"，将不透明度设置在40%左右
- 颜色选择灰色，画出蕾丝的暗面
- 新建一个图层，设置模式为"正常"，选择画笔"硬圆压力不透明度和流量"，将不透明度设置在50%左右
- 用白色为蕾丝整体进行调色

step 14:

- 新建一个图层，设置模式为"正片叠底"，选择画笔"硬圆压力不透明度和流量"，将不透明度设置在90%左右
- 选择黑蓝色，画出裤子的大体明暗关系
- 新建一个图层，设置模式为"正常"，选择画笔为"柔边圆压力大小"
- 将画笔的不透明度设置在70%左右，用白色勾画裤子的褶皱装饰线

step 15:

- 新建一个图层，设置模式为"正常"，选择画笔"硬边圆"，将不透明度调整为100%
- 选择带金属感的颜色，画出鞋和扣子

step 16:

- 新建一个图层，设置模式为"正常"，选择笔触"硬圆压力不透明度和流量"，将不透明度调整为100%
- 用有重金属感的颜色画出鞋和扣子的暗处，用白色画出反光

step 17:

- 在线稿图层上方新建一个图层，设置模式为"正片叠底"
- 选择大画笔，用较薄的有重金属感的颜色渲染背景

3.2.5 毛衣表现技法

毛衣边缘可稍做虚化处理可以用类似毛线的
笔触,勾画出一些毛作为装饰

毛衣的打底尽量选用接近效果图需要的肌理

在底图上可以选择用深线或浅线装饰一些更明显的针
织花纹

适当省略暗部细节

背景装饰色可以选择与服装相同色系的颜色,或服装主
色的撞色和对比色

OFF-WHITE　2020秋冬高级成衣

step 01:
· 用简洁的直线画出人体动态

step 02:
· 进一步画出大概款式

step 03:

- 详细画出各部分细节

step 04:

- 新建一个图层，设置模式为"正片叠底"
- 选择画笔"硬圆压力不透明度和流量"，将不透明度设置在60%左右，用偏咖色的灰画出整体的明暗关系

step 05:

- 新建一个图层，设置模式为"正片叠底"，选择画笔"硬圆压力不透明度和流量"，将不透明度设置在60%左右，用深浅不同的红色画出嘴唇及眼影，用有金属感的颜色及深咖色画出眼睛和眉毛
- 新建一个图层，设置模式为"正常"，选择画笔"硬边圆"，将不透明度调整为100%，用白色点出嘴唇及眼瞳的高光

step 06:

- 新建一个图层，设置模式为"正片叠底"，选择画笔"硬圆压力不透明度和流量"，将不透明度设置在60%左右，用深棕色画出头发整体的明暗关系
- 新建一个图层，设置模式为"正常"，选择画笔"硬边圆压力大小"，将不透明度设置在90%左右，用深咖色和白色画出发丝

step 07:

- 准备一张类似毛衣质感的图片
- 将图片拖入效果图中，按照之前介绍过的方式去掉不需要的部分
- 图片模式调整为"正片叠底"
- 选择上方工具栏中"图像—调整—色相/饱和度…"，将毛衣底图调整为所需颜色

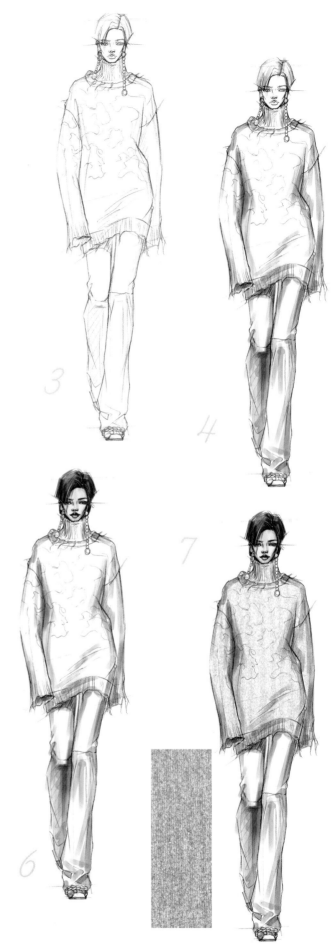

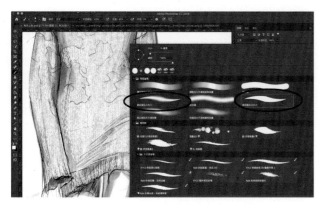

step 08:

- 新建一个图层，设置模式为"正常"，选择画笔"硬边圆压力大小"或"柔边圆压力大小"，将不透明度调整为100%，用白色勾画出一些针织装饰线

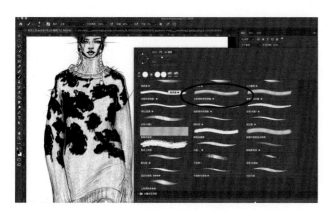

step 09:

- 新建一个图层，设置模式为"正片叠底"，选择一种类似毛衣质感的画笔，比如"水墨倾斜单独笔触"（类似毛线的感觉即可），将不透明度设置在70%左右
- 用深蓝色画出毛衣上方蓝色的针织图案

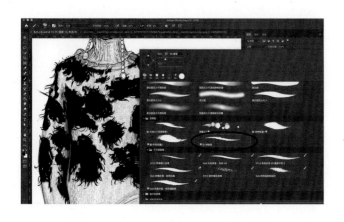

step 10:

- 新建一个图层，设置模式为"正片叠底"，选择一种适合画细毛线的画笔，将不透明度调整为100%
- 选择更深一度的黑蓝色，在图案边缘勾画出一些类似毛线的装饰线

step 11:

- 新建一个图层，设置模式为"正片叠底"，选择画笔"硬边圆"，将不透明度调整为100%
- 用橘色及深蓝色画出耳饰底色
- 新建一个图层，设置模式为"正常"，选择画笔"硬圆压力不透明度和流量"，将不透明度设置在70%左右
- 用白色画出饰品高光

step 12:

- 新建一个图层，设置模式为"正片叠底"。选择画笔"硬圆压力不透明度和流量"，不透明度调整为100%
- 用深蓝色画出裤子上的图案

step 13:

- 新建一个图层，设置模式为"正片叠底"。选择画笔"硬圆压力不透明度和流量"，将不透明度调整为100%
- 将刚画好的图案底色设置成为可上色区域，使用Mac键盘的快捷方式是按住Command键的同时点击要设为选区的图片（Windows键盘Command的对应键为Ctrl键），这样刚画好的图案就被设定为被虚线框住的可上色区域了
- 用深蓝色在可上色区域内画出图案的暗色部分

step 14:

- 新建一个图层，设置模式为"正常"，选择画笔"硬圆压力不透明度和流量"，将不透明度设置在80%左右
- 用白色画出皮裤的反光位置

step 15:

- 新建一个图层，设置模式为"正常"，选择画笔"硬边圆压力大小"，将不透明度调整为100%
- 用白色装饰出毛衣的褶皱线、毛线飞边及裤子的褶皱线

step 16:

- 新建一个图层，设置模式为"正片叠底"，选择画笔"硬圆压力不透明度和流量"，将不透明度设置在80%左右
- 用深灰色和深红色刻画出鞋子

step 17:

- 在线稿图层上方新建一个图层，设置模式为"正片叠底"，选择大笔刷画笔
- 选择与耳饰一样的橘色，沿身体边缘画出装饰色

3.2.6 羽绒服和棉服表现技法

眼瞳或者头发的颜色，一般不会使用全黑色
灰色系的头发会让画面更透气

羽绒服或棉服上的小明暗关系，是建立在效果图
大明暗关系的基础上再进行刻画的

由于棉服或者羽绒服属于填充类服装，因此会
在缝合线处形成大量褶皱

在绘画过程中随时调整整体的明暗关系，所有
的小变化都要建立在"整体"之上

线稿中出现的线条，有可能在上色后呈现出很好的装饰效果
将绘画线稿过程中会出现的辅助线变成装饰线

Rainmaker　2021东京

step 01:

- 用简单的直线画出人体的大
  动态
- 人体比例参考男模特"T台行
  走的姿态"中的比例

step 02:

- 进一步用简单的线条画出模特
  的五官、发型和服装

step 03:

- 详细画出各部分细节
- 适当加一些阴影线

step 04:

- 新建一个图层，设置模式为"正片叠底"
- 选择画笔"硬圆压力不透明度和流量"，将不透明度设置在60%左右，用灰蓝色画出整体的明暗关系

step 05:

- 新建一个图层，设置模式为"正片叠底"

- 选择画笔"硬圆压力不透明度和流量"，将不透明度设置在80%左右，用深浅不同的肉色画出皮肤

step 06:

- 新建一个图层，设置模式为"正片叠底"，选择画笔"硬圆压力不透明度和流量"，将不透明度设置在50%左右，用灰蓝色画出眼瞳，柔粉色画出嘴唇，用深棕色画出眉毛
- 新建一个图层，设置模式为"正常"，用白色点出高光

step 07:

- 新建一个图层，设置模式为"正片叠底"，选择画笔"硬圆压力不透明度和流量"，将不透明度设置在50%左右，用灰棕色画出头发的大体明暗关系
- 新建一个图层，设置模式为"正常"，选择画笔"柔边圆压力大小"，将不透明度调整为100%，用深棕色及白色画出一些发丝

step 08:

- 新建一个图层，设置模式为"正片叠底"，选择画笔"硬圆压力不透明度和流量"，将不透明度设置在80%左右
- 用灰紫色及米色画出上衣的底色

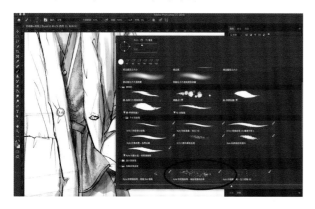

step 09:

- 新建一个图层，设置模式为"正常"，选择类似上衣肌理的颗粒式画笔，比如"高级喷溅和纹理"，将不透明度设置在50%左右
- 用深咖色和浅米色点缀出上衣的肌理

step 10:

- 新建一个图层，设置模式为"正片叠底"，选择画笔"硬圆压力不透明度和流量"，将不透明度设置在70%左右
- 用黑色画出皮带整体的明暗关系
- 新建一个图层，设置模式为"正常"，画笔模式不变，用白色点缀出高光

step 11:

- 新建一个图层，设置模式为"正片叠底"，选择画笔"硬圆压力不透明度和流量"，将不透明度设置在70%左右
- 用灰棕色为裤子整体铺色
- 用深灰色画出裤子的暗面
- 新建一个图层，设置模式为"正常"，画笔选择"硬边圆压力大小"，用白色勾画出裤子的结构线

step 12:

- 新建一个图层，设置模式为"正片叠底"，选择画笔"硬圆压力不透明度和流量"，将不透明度设置在40%左右
- 用米灰色画出衣服褶皱的阴影

step 13:

- 新建一个图层，设置模式为"正片叠底"，选择画笔"硬圆压力不透明度和流量"，将不透明度设置在80%左右
- 用深浅两种灰黄色画出扣子，用黑色画出鞋子
- 新建一个图层，设置模式为"正常"，选择画笔"高级喷溅和纹理"，用白色画出鞋子的高光

step 14:

- 在线稿图层上方新建一个图层，设置模式为"正片叠底"
- 选择用来画出装饰色的大笔刷画笔，用灰蓝色刷出背景装饰色

3.2.7 格纹面料表现技法

在画格子或者条纹面料的时候要考虑丝道问题，即要调整格子或条纹的方向

在结构边缘强调结构线，可以让结构更明确越琐碎的格子越需要明确的分割线或留白

格纹面料尤其需要整体调整明暗关系，避免因纹路过多而导致画面过于凌乱

即使很轻微的纹理调整，都会为表现结构转折起到良好的辅助作用

Stella McCartney　2021 成衣

step 01:

• 用简洁的线条画出人体的大动态

step 02:

• 进一步用简洁的线条画出服装和人体结构

step 03:

- 详细画出线稿
- 需要上色的格纹，可以不用铅笔线条画出具体的格子，也可以仅稍微交代出格纹走向

step 04:

- 新建一个图层，设置模式为"正片叠底"，选择画笔"硬圆压力不透明度和流量"，将不透明度设置在60%左右
- 选择发绿的深灰色，画出暗面

step 05:

- 新建一个图层，设置模式为"正片叠底"，选择画笔"硬圆压力不透明度和流量"，将不透明度设置在60%左右
- 用深浅不同的肉色，画出肌肤的颜色

step 06:

- 新建一个图层，设置模式为"正片叠底"，选择画笔"硬圆压力不透明度和流量"，将不透明度设置在60%左右
- 用水绿色和黑色画出眼瞳，用粉红色画出嘴唇，并点缀少量颜色在眼睛周围
- 新建一个图层，设置模式为"正常"，选择画笔"硬圆压力不透明度和流量"，将不透明度设置在100%左右
- 用白色点缀出眼瞳、嘴唇以及鼻子的高光

step 07:

- 新建一个图层，设置模式为"正片叠底"，选择画笔"硬圆压力不透明度和流量"，将不透明度设置在60%左右
- 用深浅不同的黄色画出头发的整体明暗关系
- 新建一个图层，设置模式为"正常"，选择画笔"硬边圆压力大小"，将不透明度设置在100%
- 用深咖色及白色点缀发丝

step 08:

- 新建一个图层，设置模式为"正片叠底"，选择画笔"硬圆压力不透明度和流量"，将不透明度设置在100%
- 用明黄色画出内搭的高领
- 用深橘黄色画出服装的暗面

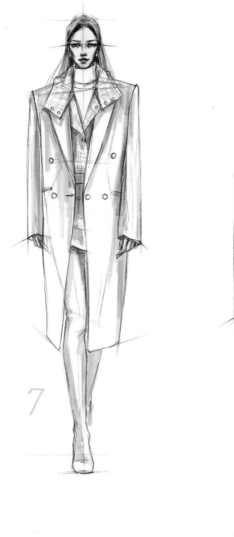
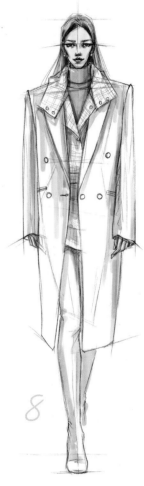

step 09:

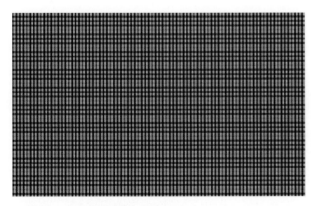

- 找到一张类似格纹图案的图片

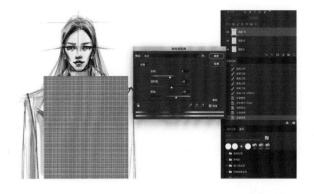

- 将图片拉入软件中，并复制到效果图文件中
- 点击上方工具栏"图像—调整—色相/饱和度…"，对图片进行初步调整
- 然后将所需图案复制一份，留下备用

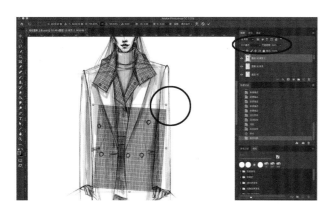

step 10:

- 将图片的模式选择为"正片叠底"或者直接调低图片的不透明度，更方便看清服装结构，并去掉不需要的部分

- 将格纹图案按照所需要的方向填充到画面中，调整图片方向的快捷键为Mac键盘点击"Command＋T"（Windows键盘"Ctrl＋T"），图片边缘会出现边框，按住边框上的八个小方框能够变化图案的大小，将鼠标放在四角边缘可改变图案的角度

- 切记在调整图案前先复制好图案，为后续复制图案做准备

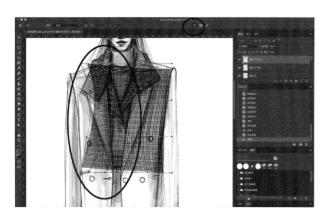

step 11:

- 如果需要进一步将图片扭曲化处理，可在按下"Command＋T"的基础上，点击上方工具栏中的小图标，将图案变成网格状，然后再拉伸图片即可

- 或者点击上方工具栏"编辑—变换—扭曲…"对图片进行需要的调整

step 12:

- 所有图案铺好并调整好不透明度后，将所有图层模式统一化，然后可以选择将这些图层合并成同一图层，或建立一个分组

- 点击图层右下角"创建分组"，选中所有要分组的图层，按住拖入新建分组中即可，双击分组还可以编辑名称

- 快速选择所有要合并图层的方式为：首先将所有图层排在一起，点击第一个图层，Mac键盘按住向上箭头键（Windows键盘按住Shift键），再单击最后一个图层，即可全部选中所有图层了

- 快速合并上下图层，Mac键盘按"Command＋E"，Windows键盘按"Ctrl＋E"

step 13:

- 将所有格纹图案进行统一调整，选择最接近的图层模式，可以进一步调整对比度或色相/饱和度，或不透明度

- 新建一个图层，设置模式为"正片叠底"，选择画笔"硬圆压力不透明度和流量"，将不透明度设置在40%左右，用带重金属感的颜色调整格纹面料的暗部

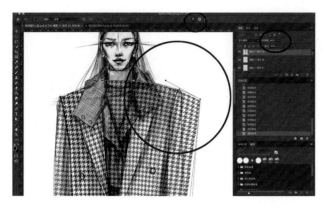

step 14:

- 用同样的方式将另一种格纹铺好，适当调整图案形状，会让纹路呈现更合理
- 如果需要合并所有格纹图层，一定要先将所有图层的不透明度调整到合适的状态

step 15:

- 合并后还可以继续调整格纹的明暗关系、不透明度以及色相、饱和度、明度

step 16:

- 新建一个图层，设置模式为"正片叠底"，选择画笔"硬圆压力不透明度和流量"，将不透明度设置在40%左右
- 用灰棕色画出大衣的暗部

step 17:

- 新建一个图层，设置模式为"正常"，选择画笔"硬圆压力不透明度和流量"，将不透明度设置在70%左右
- 用白色提亮亮部，并画上一些白色装饰线
- 将不透明度调整为100%
- 用白色画出打底的格纹服装扣子，用深浅不同的棕黄色画出外衣扣子

step 18:

- 新建一个图层，设置模式为"正片叠底"，选择画笔"硬圆压力不透明度和流量"，将不透明度调整为100%
- 用水蓝色为靴子涂上颜色，并稍作层次处理

step 19:

- 用深蓝色画出靴子的暗面
- 用深棕色画出大衣的暗面

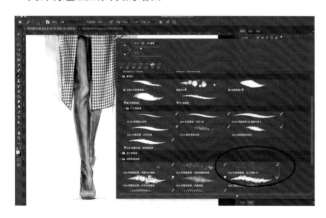

step 20:

- 新建一个图层，设置模式为"正常"，选择类似散点式的画笔，将不透明度设置在60%左右，画出靴子的亮面

step 21:

- 新建一个图层，设置模式为"正常"，选择画笔"硬边圆压力大小"，将不透明度调整为100%
- 用白色线条在局部勾画上一些装饰线，用蓝色画出脚下的装饰线

step 22:

- 在线稿图层上方新建一个图层，设置模式为"正片叠底"，用大笔刷画笔画出脚底的装饰线

3.2.8 丝绒面料表现技法

适当的留白和出边处理搭配详细的细节刻画，可以让画面显得张弛有度

丝绒面料比较柔软，亮面和暗面的刻画都要用柔软而细腻的笔触

配饰可以选择与主面料不同的笔触去表现这样更容易体现出材质

丝绒面料高光处用短小而稍弯曲的线表现更容易体现质感

不必详细刻画每一个位置，适当放弃局部细节

Altuzarra　2017 秋冬高级成衣

step 01:

• 用简洁的线条画出人体大动态

step 02:

• 进一步用简洁的线条画出大概的服装款式和人体动态

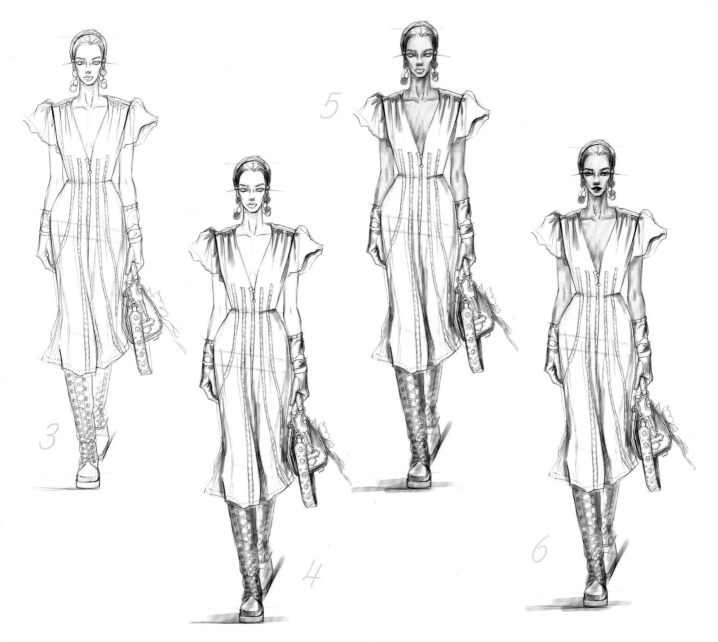

step 03:

- 详细刻画细节，注意线条的深浅变化

step 04:

- 新建一个图层，设置模式为"正片叠底"，选择画笔
  "硬圆压力不透明度和流量"，将不透明度设置在
  50%左右
- 用灰棕色画出暗面

step 05:

- 新建一个图层，设置模式为"正片叠底"，选择画笔
  "硬圆压力不透明度和流量"，将不透明度调整为
  50%
- 用深浅不同的肉色画出肌肤

step 06:

- 新建一个图层，设置模式为"正片叠底"，选择画笔
  "硬圆压力不透明度和流量"，将不透明度调整为
  70%
- 用水绿色和黑色画出眼瞳，用大红色和深红色画出嘴
  唇，用深棕色画出五官的暗部和眉毛
- 新建一个图层，设置模式为"正常"，选择画笔"硬
  圆压力不透明度和流量"，将不透明度调整为100%
- 用白色点出眼瞳和嘴唇的高光

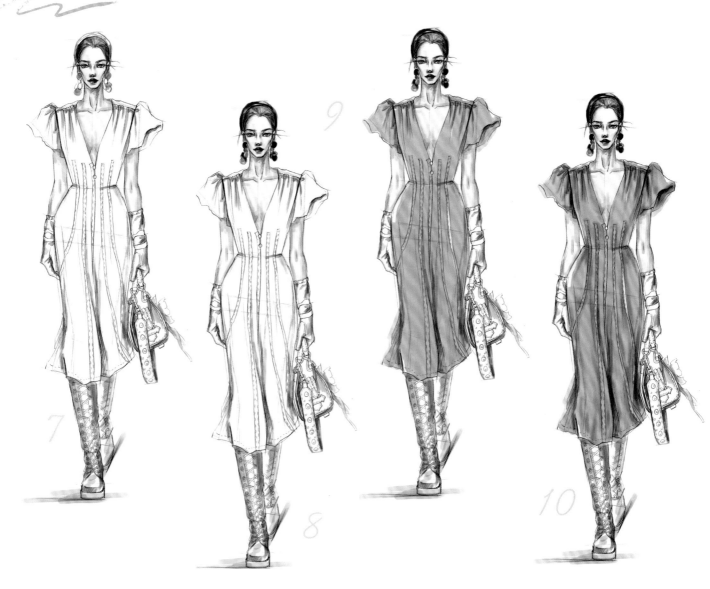

step 07:

- 新建一个图层，设置模式为"正片叠底"，选择画笔"硬圆压力不透明度和流量"，将不透明度设置在70%左右
- 用深棕色画出头发层次
- 新建一个图层，设置模式为"正常"，选择画笔"硬圆压力不透明度和流量"，将不透明度调整为100%
- 用深棕色和白色勾画发丝

step 08:

- 新建一个图层，设置模式为"正片叠底"，选择画笔"硬圆压力不透明度和流量"，将不透明度设置在70%左右
- 用深蓝色画出发卡底色，用带金属感的颜色和黑色画出耳饰
- 新建一个图层，设置模式为"正常"，选择画笔"硬

圆压力不透明度和流量"，将不透明度设置在70%左右
- 用白色与黑色强调出发卡和耳饰的明暗关系

step 09:

- 新建一个图层，设置模式为"正片叠底"，选择画笔"硬圆压力不透明度和流量"，将不透明度调整为100%
- 用明黄色画出连衣裙底色

step 10:

- 新建一个图层，设置模式为"正片叠底"，选择画笔"柔边圆压力不透明度"，将不透明度设置在70%左右
- 用深棕黄色画出连衣裙的暗部
- 丝绒面料暗部要用较细腻的笔触刻画，笔触选择较为柔软的感觉更容易表现

step 11:

- 新建一个图层，设置模式为"正常"，选择画笔"柔边圆压力不透明度"，将不透明度设置在60%左右
- 用偏白的淡黄色画出丝绒的亮面，笔触要短小并多变，使丝绒质感更明确

step 12:

- 新建一个图层，设置模式为"正片叠底"，选择画笔"硬边圆"，将不透明度调整为100%
- 用深棕色为手套打底，初步表现出明暗
- 新建一个图层，设置模式为"正片叠底"，选择画笔"硬圆压力不透明度和流量"，将不透明度设置在90%左右
- 用深棕色及白色画出皮手套的暗部及反光

step 13:

- 新建一个图层，设置模式为"正片叠底"，选择画笔"硬圆压力不透明度和流量"，将不透明度设置在90%左右
- 用深浅不同的两种橘色画出包的打底色
- 新建一个图层，设置模式为"正常"，选择画笔"硬圆压力不透明度和流量"，将不透明度设置在60%左右
- 用灰橘色及偏白的橘色强调包的暗面及反光

step 14:

- 新建一个图层，设置模式为"正常"，选择画笔"硬边圆"，将不透明度调整为100%
- 用深浅不同的带金属感的颜色及灰色画出包的边缘和金属配件

step 15:

- 新建一个图层，设置模式为"正片叠底"，选择画笔"硬圆压力不透明度和流量"，将不透明度设置在80%左右
- 用蓝黑色画出靴子的大体明暗关系

step 16:

- 新建一个图层，设置模式为"正常"，选择画笔"硬

圆压力不透明度和流量"，将不透明度调整为100%，用轻松的笔触和灰色画出鞋带

- 选择画笔"硬边圆"，不透明度调整为100%，用黑色强调鞋带的结构
- 新建一个图层，设置模式为"正常"，选择画笔"硬圆压力不透明度和流量"，将不透明度设置在90%左右，用金色画出鞋带的扣眼，用白色提亮靴子的反光

step 17:

- 在线稿前新建一个图层，设置模式为"正片叠底"，选择画装饰线条的大笔刷画笔
- 用较薄的灰紫色画出装饰的线条

3.2.9 亮片面料表现技法

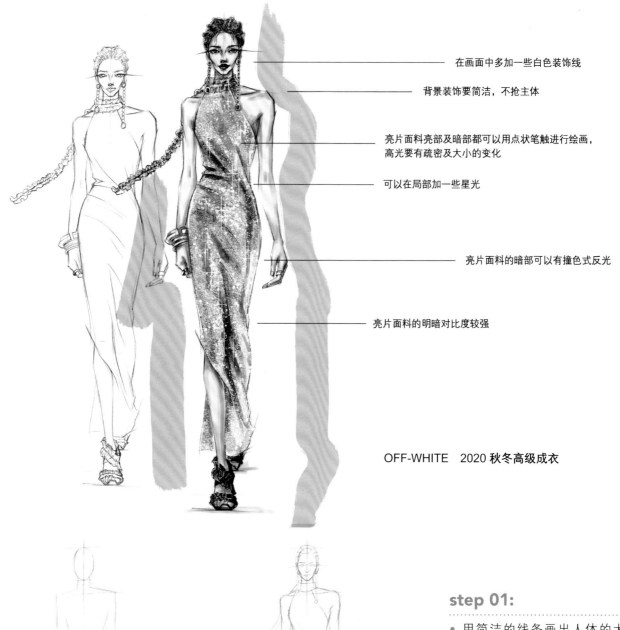

在画面中多加一些白色装饰线

背景装饰要简洁，不抢主体

亮片面料亮部及暗部都可以用点状笔触进行绘画，高光要有疏密及大小的变化

可以在局部加一些星光

亮片面料的暗部可以有撞色式反光

亮片面料的明暗对比度较强

OFF-WHITE   2020 秋冬高级成衣

step 01:
- 用简洁的线条画出人体的大动态

step 02:
- 进一步用简洁的线条画出各部分的结构

step 03:

- 详细画出除了亮片面料纹理之外各部分的细节

step 04:

- 新建一个图层，设置模式为"正片叠底"，选择画笔"硬圆压力不透明度和流量"，将不透明度设置在60%左右
- 用深灰色画出大概的明暗关系

step 05:

- 新建一个图层，设置模式为"正片叠底"，选择画笔"硬圆压力不透明度和流量"，将不透明度设置在60%左右
- 用深浅不同的肉色画出皮肤

step 06:

- 新建一个图层，设置模式为"正片叠底"，选择画笔"硬圆压力不透明度和流量"，将不透明度调整到60%~90%之间
- 用水蓝色和黑色画出眼瞳，用深浅不同的红色画出嘴唇
- 新建一个图层，设置模式为"正常"，选择画笔"硬圆压力不透明度和流量"，将不透明度调整为100%
- 用白色画出眼瞳、鼻尖及嘴唇的高光

step 07:

- 新建一个图层，设置模式为"正片叠底"，选择画笔 "硬圆压力不透明度和流量"，将不透明度设置在 60%～90%之间
- 用深棕色画出头发的底色
- 新建一个图层，设置模式为"正常"，选择画笔"硬 边圆压力大小"，将不透明度调整为100%
- 用深棕色和白色画出发丝

step 08:

- 新建一个图层，设置模式为"正常"，选择画笔"硬 边圆压力大小"，将不透明度调整为100%
- 用白色、灰色、宝蓝色及深宝蓝色画出耳饰

step 09:

- 新建一个图层，设置模式为"正片叠底"，选择画笔 "硬圆压力不透明度和流量"，将不透明度设置在 60%左右
- 用深灰蓝色画出面料底色，反光处用水蓝色来画

step 10:

- 将亮片面料素材图片拉入文件中，用复制粘贴的形式铺满需要被覆盖的位置
- 将图片的模式调整到最接近面料本身的模式，擦掉不需要的位置

step 11:

- 新建一个图层，设置模式为"正片叠底"，选择画笔"硬圆压力不透明度和流量"，不透明度设置在60%左右
- 用深灰色画出褶皱的暗面
- 加亮点后效果如图

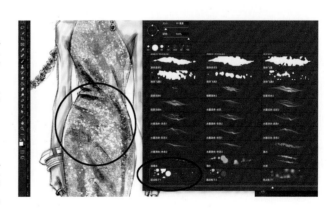

step 12:

- 新建一个图层，设置模式为"正常"，选择亮点式画笔，将不透明度设置在90%左右
- 用白色点缀反光

step 13:

- 新建一个图层，设置模式为"正常"，选择画笔"柔边圆压力大小"或"硬边圆压力大小"，不透明度设置在90%左右
- 用白色画十字星光，Mac键盘按住向上箭头画横竖线，可保证线条的横平竖直（Windows键盘按住Shift键）

step 14:

- 新建一个图层，设置模式为"正片叠底"，选择画笔"硬圆压力不透明度和流量"，不透明度设置在80%左右
- 用深灰色画出首饰的暗面

step 15:

- 新建一个图层，设置模式为"正片叠底"，选择画笔"硬圆压力不透明度和流量"，将不透明度设置在90%左右
- 用深蓝色画出鞋的底色
- 新建一个图层，设置模式为"正常"，选择画笔"硬边圆压力大小"，将不透明度调整为100%
- 用白色勾画出鞋的结构线

step 16:

- 在线稿前新建一个图层，设置模式为"正片叠底"，选择画装饰用的画笔，将不透明度设置在50%左右
- 用浅灰色画出装饰的背景

3.2.10 镭射面料表现技法

镭射面料上的对比色通常比较多

常用对比色：紫色系搭配黄色系；蓝色系搭配黄色系；
或粉色系搭配绿色系等

镭射面料上的反光色通常颜色纯度比较高，可以选用荧光感
觉的颜色进行提色

先用柔边感觉的笔触为颜色过渡打底，后用硬朗干
净的线条强调结构
亮光和反光位置要尽量用高纯度、高明度的颜色进
行绘画

Mistergentleman　2021 成衣

step 01:

- 用简洁的线条画出人体动态
- 人体比例参考男模特T台行走
  的姿态

step 02:

- 进一步画出服装的大概款式及
  人物的动态

step 03:

- 详细画出各部分细节
- 镭射面料的褶皱可以用稍轻的线条处理

step 04:

- 将线稿拉入PS软件中，新建一个图层，设置模式为"正片叠底"，选择画笔"硬圆压力不透明度和流量"，将不透明度设置在70%左右
- 用深灰色画出暗面

step 05:

- 新建一个图层，设置模式为"正片叠底"，选择画笔"硬圆压力不透明度和流量"，将不透明度设置在60%左右，用深浅不同的肉色为肌肤上色
- 新建一个图层，设置模式为"正片叠底"，将画笔不透明度设置在70%～100%之间，用水蓝色和黑色画出眼瞳，用深浅不同的灰粉色画出嘴唇，用深棕色强调暗部
- 新建一个图层，设置模式为"正常"，选择画笔"硬边圆"，将不透明度调整为100%，用白色画出眼瞳、鼻尖和唇部高光

step 06:

- 新建一个图层，设置模式为"正片叠底"，选择画笔"硬圆压力不透明度和流量"，将不透明度设置在70%～100%之间
- 用深棕色画出头发底色
- 新建一个图层，设置模式为"正常"，选择画笔"硬边圆压力大小"，将不透明度调整为100%，用白色及深棕色画出发丝

step 07:

- 新建一个图层，设置模式为"正片叠底"，选择画笔"硬圆压力不透明度和流量"，将不透明度设置在60%～90%之间

- 用深浅不同的橄榄绿画出大衣的底色，用深橄榄绿色强调大衣的暗面
- 新建一个图层，设置模式为"正常"，选择画笔"硬边圆压力大小"，将不透明度调整为100%，用白色勾画出大衣的结构

step 08:

- 新建一个图层，设置模式为"正片叠底"，选择画笔"硬圆压力不透明度和流量"，将不透明度设置在60%～90%之间
- 用灰紫色画出镭射面料的底色，用明黄色画出紫色附近的环境色
- 调整画笔为"硬边圆压力大小"，用较细的线条点缀出一些褶皱线

step 09:

- 新建一个图层，设置模式为"正片叠底"，选择画笔"硬圆压力不透明度和流量"，不透明度设置在60%～90%之间
- 用橘色及较浅的薄荷绿色，在褶皱附近加一些环境色

step 10:

- 新建一个图层，设置模式为"正片叠底"，选择画笔"硬圆压力不透明度和流量"，将不透明度设置在60%～90%之间
- 重选灰紫色，调整镭射服装整体的感觉，将过于琐碎的位置进行分区着色

step 11:

- 新建一个图层，设置模式为"正常"，选择画笔"硬圆压力不透明度和流量"，将不透明度调整为100%，用白色提亮亮面
- 调整画笔为"硬边圆压力大小"，用较细的线条点缀出一些褶皱线

step 12:

- 新建一个图层，设置模式为"正常"，选择画笔"硬边圆压力大小"，将不透明度调整为100%
- 用纯度及明度较高的水蓝色点缀出反光线

step 13:

- 新建一个图层，设置模式为"正片叠底"，选择画笔"硬圆压力不透明度和流量"，将不透明度设置在60%～90%之间
- 用深灰色强调出内搭白T恤的暗面，用灰棕色画出裤子的底色
- 用深棕色强调出裤子的暗面

step 14:

- 新建一个图层，设置模式为"正常"，选择画笔"硬边圆压力大小"，将不透明度调整为100%，用浅棕色较细的线条点缀裤子的褶皱线
- 新建一个图层，设置模式为"正片叠底"，选择画笔"硬圆压力不透明度和流量"，将不透明度设置在60%～90%之间
- 用浅灰棕色和黑色画出靴子的底色

step 15:

- 在线稿前新建一个图层，设置模式为"正片叠底"，选择大笔刷画笔，将不透明度设置在60%～90%之间
- 用镭射面料中出现过的其中一种颜色沿人物边缘画出装饰线

3.2.11 透明PVC面料表现技法

PVC通常为半透明或全透明的底层颜色要隐约透出来

画PVC面料时，要用较淡较薄的颜色来进行绘画，用不同的厚度和各种层叠的方式来体现出服装的结构

PVC面料与纱质面料都有半透明的特点，区别在于PVC面料比纱质面料硬一些，因此转折位置可以用稍硬的线条

PVC面料通常情况下比纱质面料更透一些，因此"透明"的感觉要表现的更明确

3.1 Phillip Lim　2012 春夏高级成衣

step 01:

• 用简洁的线条画出人体的大动态

step 02:

• 进一步用简洁的线条表现出人物动态及服装的结构

step 03:

- 详细画出人体和服装每一个位置的细节

step 04:

- 将铅笔线稿拉入Ps软件中
- 新建一个图层，设置模式为"正片叠底"，选择画笔 "硬圆压力不透明度和流量"，将不透明度设置在 60%左右
- 用深浅不同的肉色画出肌肤，被PVC面料遮挡的位置 要用稍微意象化的形式表示肌肤颜色，制造一种不清 晰的感觉

step 05:

- 新建一个图层，设置模式为"正片叠底"，选择画笔 "硬圆压力不透明度和流量"，将不透明度设置在 60%左右，用水绿色和黑色画出眼瞳，用深浅不同的 肉粉色画出嘴唇，用深棕色画出眉毛
- 新建一个图层，设置模式为"正常"，选择画笔"硬

边圆压力大小"，将不透明度调整为100%，用白色点 缀出眼瞳、鼻尖和嘴唇的亮光

step 06:

- 新建一个图层，设置模式为"正片叠底"，选择画笔 "硬圆压力不透明度和流量"，将不透明度设置在 60%左右，用深浅不同的黄色画出头发打底的颜色
- 新建一个图层，设置模式为"正常"，选择画笔"硬 边圆压力大小"，将不透明度调整为100%
- 用深棕色和白色勾画出发丝，用宝蓝色、白色和深蓝 色画出耳钉

step 07:

- 新建一个图层，设置模式为"正片叠底"，选择画笔 "硬圆压力不透明度和流量"，将不透明度设置在 60%左右
- 用灰紫色画出内层套装的褶皱，用更深一些的灰紫色 画出更暗的部分

step 08:

- 新建一个图层，设置模式为"正片叠底"，选择画笔"硬圆压力不透明度和流量"，将不透明度设置在40%左右
- 用淡薄荷色画出PVC面料的底色，个别位置要适当留白，或后期擦掉

step 09:

- 继续用淡薄荷色强调褶皱，并画出面料较厚的部分
- 半透明的面料，层叠部分越多的地方，颜色越实

step 10:

- 新建一个图层，设置模式为"正常"，选择画笔"硬边圆压力大小"，将不透明度调整为100%
- 用白色勾画褶皱的亮面，并加一些结构线和缝合装饰线

step 11:

- 新建一个图层，设置模式为"正常"，选择画笔"硬边圆压力大小"，将不透明度调整为100%，用深灰色及白色简单勾画出拉锁及金属扣
- 新建一个图层，设置模式为"正片叠底"，选择画笔"硬圆压力不透明度和流量"，将不透明度设置在80%左右
- 用深浅不同的橘色画出鞋的底色，用白色画出亮光或直接空出亮光的位置

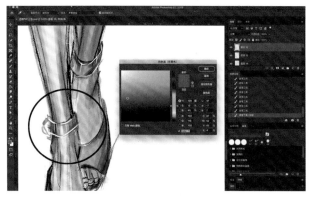

step 12:

- 新建一个图层，设置模式为"正片叠底"，选择画笔"硬边圆压力大小"，将不透明度调整为100%，用灰绿色画出脚腕处PVC的底色
- 新建一个图层，设置模式为"正常"，选择画笔"硬边圆压力大小"，将不透明度调整为100%，用白色勾画出大结构和亮面的反光线

step 13:

- 在线稿之上新建一个图层，设置模式为"正片叠底"，选择画装饰用的画笔，用灰绿色画出装饰背景

3.2.12 印花面料表现技法

印花面料靠近边缘的位置可以留白不画，
这样能够体现出人体的厚度

画完印花后，再对整体的明暗做一个调整，会
让图案的转折更合理

印花图案会根据人体的动态或衣褶，发生不同程
度的变形

背景可以装饰一些印花中出现过的笔触效果

Raf Simons   2014 成衣

step 01:

• 先用简洁的线条画出人体的大
  动态

step 02:

• 进一步用简洁的线条画出人物
  及服装的大体结构

step 03:

- 详细画出各部分细节
- 印花不用画得过于详细，表现出大概线条即可

step 04:

- 新建一个图层，设置模式为"正片叠底"，选择画笔"硬圆压力不透明度和流量"，将不透明度设置在60%左右
- 用深浅不同的肉色画出肌肤

step 05:

- 新建一个图层，设置模式为"正片叠底"，选择画笔"硬圆压力不透明度和流量"，将不透明度设置在60%左右

- 用水蓝色和黑色画出眼瞳，用明暗不同的肉粉色画出嘴唇，用深棕色画出眉毛
- 新建一个图层，设置模式为"正常"，选择画笔"硬边圆压力大小"，将不透明度调整为100%，用白色画出面部五官的高光

step 06:

- 新建一个图层，设置模式为"正片叠底"，选择画笔"硬圆压力不透明度和流量"，将不透明度设置在60%左右
- 用蓝黑色画出头发的大体明暗结构
- 新建一个图层，设置模式为"正常"，选择画笔"硬边圆压力大小"，将不透明度调整为100%
- 用白色及黑色勾画出发丝

step 07:

- 新建一个图层，设置模式为"正片叠底"，选择画笔"硬圆压力不透明度和流量"，将不透明度设置在60%左右，用黑色画出上衣的暗面
- 将不透明度设置在90%左右，用黑棕色及黑色为上衣整体着色，并表现出大概明暗关系

step 08:

- 新建一个图层，设置模式为"正常"，选择散点式画笔，类似"喷溅画笔"
- 选择白色，将不透明度设置在90%左右，画出图案
- 用同样的画笔，将笔触大小调大，用白色在部分位置做散点装饰

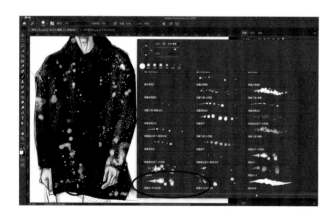

step 09:

- 新建一个图层，设置模式为"正常"，选择泼墨感觉的画笔，类似洒墨点肌理
- 降低不透明度，用白色进行点缀

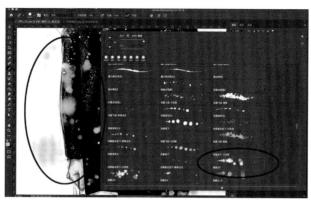

step 10:

- 新建一个图层，设置模式为"正常"，继续使用上一种画笔或者选择更需要的画笔模式
- 选择肉粉色，调大画笔的笔触，画出装饰的图案

step 11:

- 新建一个图层，设置模式为"正常"，选择画笔"硬边圆压力大小"，将不透明度调整到80%~100%之间
- 用不同透明度，画出黄色系的装饰图案

step 12:

- 新建一个图层，设置模式为"正常"
- 用同样的方式、不同的颜色，画出同一笔触可以表现的部分图案

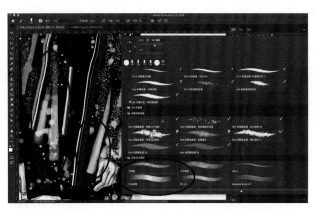

step 13:

- 新建一个图层，设置模式为"正常"，选择粗糙纹理的画笔，例如"方块纹理"
- 将需要用这个笔触画出的位置，用不同颜色画出来
- 不透明度可以稍微降低，通过不同次数的涂抹，达到薄厚不同的视觉效果

step 14:

- 新建一个图层，设置模式为"正常"，选择画笔"硬圆压力不透明度和流量"，将不透明度设置在60%左右
- 用黑色调整上衣整体的明暗关系
- 选择画笔"硬边圆压力大小"，将不透明度调整为100%，用较细的笔触勾画出结构线及装饰线

step 15:

- 新建一个图层，设置模式为"正片叠底"，选择画笔"硬圆压力不透明度和流量"，将不透明度设置在80%左右，用蓝黑色画出裤子的打底色，并表现出明暗变化
- 新建一个图层，设置模式为"正常"，选择画笔"硬边圆压力大小"，将不透明度调整为100%
- 用黑色和白色，用较细的笔触勾画出结构线及装饰线

step 16:

- 新建一个图层，设置模式为"正片叠底"，选择画笔"硬圆压力不透明度和流量"，将不透明度设置在80%左右，用较深的蓝绿色画出鞋的底色，初步表现出体积感
- 新建一个图层，设置模式为"正常"，选择画笔"硬圆压力不透明度和流量"，将不透明度设置在80%左右
- 用更深的蓝绿色，强调出暗面，用白色画出高光

- 设置笔触为"硬边圆压力大小"，用较浅的灰绿色画出鞋带

step 17:

- 新建一个图层，设置模式为"正片叠底"，选择画笔"硬圆压力不透明度和流量"，将不透明度设置在80%左右，用灰棕色画出包的底色
- 调整画笔为"硬边圆压力大小"，用明黄色画出拉锁
- 新建一个图层，设置模式为"正常"，选择画笔"硬圆压力不透明度和流量"，将不透明度调整为100%，用黑色和白色画出暗面及高光

step 18:

- 在线稿前新建一个图层，设置模式为"正片叠底"，画笔笔触的不透明度设置在30%左右
- 选择泼墨式笔触的画笔，用较深的灰绿色，画一些背景装饰色

153

3.2.13 皮草面料表现技法

画皮草要从"里"向"外"进行绘画，"里"指的就是皮草内层最深的位置，"外"指的是需要勾出"毛"的外边缘

一般底色和勾画毛色需要的色差都比较大，这样空间感会更强

不需要每个位置都进行详细的刻画，用留白的方式体现出皮草的厚度和结构

皮草面料的边缘一般都会画得充满"毛"质感，画毛的时候尽量用柔软的线条

Stella McCartney　2019 成衣

step 01:

- 用简洁的线条画出人体动态

step 02:

- 进一步画出人物及服装结构

step 03:

- 详细画出各部分的细节
- 皮草类面料边缘是比较容易表现出质感的，在可以表现出服装结构的位置要着重画出"毛"的感觉

step 04:

- 新建一个图层，设置模式为"正片叠底"，选择画笔"硬圆压力不透明度和流量"，将不透明度设置在80%左右
- 用灰色交代出大概的明暗感觉

step 05:

- 新建一个图层，设置模式为"正片叠底"，选择画笔"硬圆压力不透明度和流量"，将不透明度设置在80%左右
- 用深浅不同的肉色画出肌肤

step 06:

- 新建一个图层，设置模式为"正片叠底"，选择画笔"硬圆压力不透明度和流量"，将不透明度设置在80%左右
- 用水绿色和黑色画出眼瞳，用不同明度的红色画出嘴唇，用深棕色强调五官暗面
- 新建一个图层，设置模式为"正常"，选择画笔"硬边圆压力大小"，将不透明度调整为100%，用白色点出五官的高光

step 07:

- 新建一个图层，设置模式为"正片叠底"，选择画笔"硬圆压力不透明度和流量"，将不透明度设置在80%左右
- 用深浅不同的棕色画出头发底色
- 新建一个图层，设置模式为"正常"，选择画笔"硬边圆压力大小"，将不透明度调整为100%
- 用深棕色及白色画出发丝

step 08:

- 新建一个图层，设置模式为"正片叠底"，选择画笔"硬圆压力不透明度和流量"，将不透明度设置在60%左右
- 用橘色及深棕色画出皮草的底色，表现出整体的明暗关系
- 个别位置通过留白的方式体现服装结构

step 09:

- 新建一个图层，设置模式为"正片叠底"，选择画笔"硬圆压力不透明度和流量"，将不透明度设置在60%左右
- 用深橘色和深棕色进一步调整皮草暗部的细节，这个时候可以画一些表现皮草走势的线条

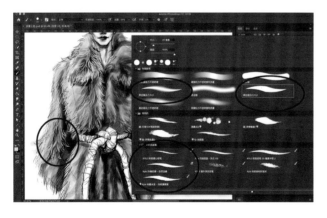

step 10:

- 新建一个图层，设置模式为"正常"，选择画笔"硬边圆压力大小"或其他适合画线条的画笔，将不透明度调整为100%，用较浅的橘色按照皮毛走向勾画出"毛"的质感
- 线条要柔软，且不规则

step 11:

- 勾画完成后效果如图
- 注意笔触要有疏密变化，通常较密集的位置都为亮面
  或结构转折的边缘

step 12:

- 新建一个图层
- 将画笔颜色调整为白色，用同样的方式在个别位置画
  一些白色的毛，这样可以增加对比度，并强调出结构

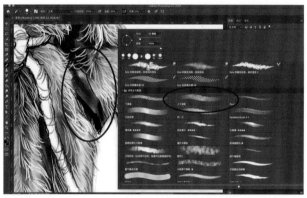

step 13:

- 新建一个图层，设置模式为"正片叠底"，选择一种
  类似磨砂皮质感笔触的画笔，将不透明度设置在60%
  左右
- 用棕色和深棕色，画出袖口

step 14:

- 新建一个图层，设置模式为"正常"，选择画笔"硬
  边圆"，将不透明度调整为100%
- 用深浅不同的宝蓝色及轻松的笔触画出腰带的底色，
  适当留白
- 新建一个图层，设置模式为"正常"
- 用同样笔触的画笔点缀腰带上的其他装饰色
- 注意阴影下的颜色较深、笔触较少

step 15:

• 新建一个图层，设置模式为"正常"，选择画笔"硬边圆压力大小"，将不透明度调整为100%

• 用白色勾画出一些结构线，注意笔触的粗细变化，让腰带更具有装饰性

step 16:

• 新建一个图层，设置模式为"正片叠底"，选择画笔"硬圆压力不透明度和流量"，不透明度设置在90%左右

• 用深浅不同的棕红色，画出靴子的底色

step 17:

• 新建一个图层，设置模式为"正常"，选择画笔"硬圆压力不透明度和流量"，将不透明度调整为100%，用偏白的棕色画出靴子的亮面

• 新建一个图层，设置模式为"正常"，选择画笔"硬边圆"，将不透明度调整为100%

• 用白色勾画出靴子的结构线和装饰线，并提亮高光

step 18:

• 在线稿前新建一个图层，设置模式为"正片叠底"，选择画装饰背景用的画笔，将不透明度设置在50%左右

• 用灰色画出装饰背景

高级定制设计师
服装效果图技法
——独一无二的
价值体现

4.1 什么是高级定制设计师

4.1.1 需要掌握的技能和工作职责

高级定制设计师最看重的便是"高级"两个字。高级感是一种价值的体现，高级定制服装设计的款式高级、面料高级、工艺高级、单品售价普遍偏高，品牌价值也相对较高。同时高级定制服装也有"唯一"的特性，很多时候我们设计制作出的服装有且仅有一件，这个时候就需要设计师把服装各个方面做到极致且不可复制。

相比较时装设计师而言，高级定制服装设计师在了解平面裁剪的基础上，有时候更注重立体裁剪。一个原因是，平面裁剪相对立体裁剪而言更容易复制并易于批量生产。另一个原因是立体裁剪出的造型，有时候是设计师一瞬间的灵感呈现。往往是信手拈来的一件佳品，很可能是设计师的双手通过"巧妙的思维"与"面料特性"互相碰撞而形成的。另外很多较为复杂的款式，用平面裁剪的形式不好实现，往往需要借助立体裁剪的方式来完成服装的制版和制作。因此如果想要成为一名优秀的高级定制服装设计师，一定要或多或少掌握一些立体裁剪的知识，立体裁剪的水平直接影响了款式结构的高级程度。

时装设计师生产出的服装要更适合大众市场，且便于批量生产，因此面料成本相对较低。而高级定制设计师设计的服装相对时装而言没有那么大众化，有时候更适合小众人群。相对于成衣设计师而言，高级定制设计师有更多的机会直接面对客户，并为客户量身设计，这个时候我们通常叫做私人定制。在这种情况下，需要先为客人量体，对客人的身材特点和适合穿着的服装款式要有所了解。大部分客户来定制服装时会花费较高的资金，并反复调整版型，且对面料的要求极高。这会导致定制类服装价格普遍偏高，因此设计师要不断寻找更新、更独特、更舒适且性价比较优的面料。

高级定制设计师在掌握了服装设计师的基本工作技能以外，还需要拥有较高的审美眼光，并且要尽可能多地了解各种手工工艺。比如重工刺绣工艺、重工钉珠工艺、个性化印刷和染色工艺等。一件衣服是否昂贵，并不只是由手工多少来评判的，不是单纯的以量取胜的，更重要的是同样一个珠子用怎样的工艺去钉。高级定制起源于法国，每年都会在法国举办高级定制服装秀，但是迄今为止能够得到法国时尚界认可或世界时尚界认可的高级定制品牌并不多。我国自称为"高级定制"的品牌有很多，但并不是每个品牌都能达到高级定制的要求，真正受到法国时尚界邀请，并榜上有名的品牌屈指可数。

对工艺的要求也不仅仅是体现在装饰工艺这一层面，同时还包括了服装缝合工艺。服装的版型好坏不只看设计和制版工艺，缝合和熨烫工艺也同样重要。高级定制服装尤其讲究细节，比如缝合线迹是否笔直；线迹的起头、结尾位置是否干净、无线头；比如缝合方式是单次缝合还是来去缝缝合；是绳边工艺还是包边工艺，这些都会直接影响对服装价值的判定。因此可以说，高级定制服装工艺是成衣工艺的升级版，而身为高级定制设计师，一定要更加细心并且对工艺要求更加严格。

以上所有因素都是导致高级定制服装售卖价格普遍偏高的原因，品牌价值也会随之上升。然而在我国能承受较高价格服装并将之收入囊中的客户群体，大部分会选择国外的成熟品牌。而私人定制也还没有成为我国国民普遍认可的消费模式。因此，想要做高级定制服装的设计师，一定要细心、谦虚并且保持恒心和耐心，从"定制"开始逐渐丰富自己的专业能力，终有一日会成为优秀的高级定制服装设计师。

4.1.2 可能接触到的相关人员

高级定制设计师区别于成衣设计师的一个最大特点，便是会接触到定制服装的客户。因此高级定制设计师一定要具备很好的沟通能力，同时要时刻注意自己的穿着要得体，且画淡妆为宜。其实注重这些外在装扮的同时也是对待客户的一种尊重，更是对这份职业的尊重。很多客户在见到设计师的第一眼，就会通过设计师的着装和谈吐、气质，来对设计师有一个初步的判断。我曾经很多次在见到定制客人时发现他们对我有上下打量的眼神。很多设计师可能不太在意这个情况，但其实这是一个很自然、很合理的，非常重要的细节。回归到人与人初次见面的时候，我们通过会以"第一印象"为一个人打分。换位思考，如果我们在寻找一个服装设计师，那么这个设计师是否需要具备时尚的眼光？如果设计师本人的穿着都不讲究，你是否愿意将自己的穿搭交给这个人来决定？因此让客户愿意相信我们，也是服装设计师要具备的一种能力。

高级定制设计师同样会接触到版师、样衣、销售和公关等，这几点在前面已经进行过解释，在此就不做重复说明了。高级定制品牌一般以工作室的形式成立，相比较时装成衣公司而言，普遍规模较小，因此人员结构相对简单。通常不会把权责分类过细，更考验设计师个人的综合能力。在每一季度新品发布时，我们还会接触到摄影师、化妆师、模特经纪和模特等，这些在成衣公司同样是会有专门的人进行对接和负责的。

总而言之，服装设计工作不是一个独立的、个人的工作，在完成自己的设计想法的同时，也要考虑到团队的需求，并随时与同伴进行沟通。无论我们身处何种职位，都要具备很好的沟通能力，并愿意自信的表达出自己的设计理念。

4.1.3 职业发展可能性

前面已经提到，高定类品牌一般内部结构相对简单，因此设计师的层级划分也不会太复杂。通常只分为设计师助理、设计师和设计总监，有些更小的工作室只有设计师和设计总监的划分。因此定制类工作室相对时装设计大公司而言，更注重设计师本人的综合工作能力，升职速度相对较缓。但设计能力较强的设计师一定会倍受公司器重，且能接到更重要的定制工作，或面对更重要的客户。无论在任何一家公司，都要注重积累和不断提升专业技能，当综合能力达到一定标准时，便会成为一个品牌重要的核心设计人员。

虽说高级定制服装在我国还只是发展中阶段，但是受到生活方式和经济发展的影响，在国内的很多场合也将越来越需要高级定制服装，只要想成为一名优秀的高定设计师，并能怀着尊重和谦虚的态度不断学习和进步，在未来我国也会有更多可以称之为高级定制的品牌得到国际上的认可。这会是一个很有前景的奋斗方向。

国际上较成熟的服装品牌，一般分为成衣线和定制线，发布会也会分为这两大类，有很多也都会在同年发布定制系列。现阶段有越来越多的华裔设计师在定制舞台也崭露头脚。也许这是一条相对坎坷的道路，但其实成败指数也是相同的，高级定制不会像成衣品牌一样泛滥且多样化，但是换来的也是等比例的竞争力。

4.1.4 效果图经验分享

高级定制服装效果图多以高级成衣、礼服或婚纱的设计图为主，因此相对成衣类服装效果图而言稍显华丽。效果图可以画得十分细腻，也可以在服装精湛的手工艺方面进行突出表现，比如详细刻画面料上的花纹图案、蕾丝或者手工钉珠工艺等。画得轻松自由也是一种绘画风格，但如果效果图是主要画给定制客户的，则最好尽可能偏写实的风格更便于与客户沟通。有时甚至可以将客人的长相、发型、身材特点等直接表现在效果图中。这样可以尽量避免后续因沟通不全面，或想象、理解的不同，而造成不必要的麻烦，也可以让客人更直观地想象出自己的穿着效果。

　　高定服装的效果图可以多做一些装饰效果，突出"华丽""高贵""奢华"及"独一无二"的感觉，画面中可以加一些因钻饰反光引起的发光效果。背景的渲染方式也可以偏细腻，或者将服装中的花纹作为背景暗纹装饰在画面中，高级定制的服装效果图会更接近舞台服装效果图的感觉。

4.2 高级定制品牌经典作品的效果图呈现

　　下面根据国际上比较知名的一些高级定制品牌的经典作品进行分类，来示范其服装效果图的绘画步骤(排名不分先后）。由于每个品牌有不同的风格，因此可以适当区分开每张效果图的视觉效果。在Chapter 03中已经介绍了各种不同材质面料的服装效果图以手绘＋电脑绘的方式来绘画的方法，而在Chapter 04中将更加注重气氛和视觉两个方面。在人体动态方面，Chapter 03中主要为T台行走的姿态，而在Chapter 04中主要将讲解站立的姿态或适合展现服装款式的其他姿态效果图的手绘+电脑绘步骤。

4.2.1 Alexander McQueen——特殊造型的表现

弱化画面中次要的结构

在灰色系的效果图中，可以多装饰一些白色线条

模特头部倾斜向上仰，构图可以稍微偏向另一侧，为脸部所朝方向留有更多空间，让人体的动态更加生动

先用相对粗犷的线条画较暗的部分，后用较细的线条勾画细节

背景色选用画面中主色系颜色进行绘画后勾画服装中的某一元素作为点缀

Alexander McQueen　2001 春夏

1

2

3

4

step 01:

- 先用简单的线条画出重心和构图参考线

step 02:

- 进一步用简洁的线条画出人体的动态和整体轮廓参
  考线

step 03:

- 继续从整体刻画的角度出发，画出大体结构

step 04:

- 画出线稿，适当省略个别位置的细节
- 将线稿拖入PS文件中，将线稿放置在偏右的位置，左
  侧留出更大的空间

step 05:

- 新建一个图层，设置模式为"正片叠底"，选择画笔"硬圆压力不透明度和流量"，将不透明度设置在60%左右
- 用棕灰色画出整体的明暗关系

step 06:

- 新建一个图层，设置模式为"正片叠底"，选择画笔"硬圆压力不透明度和流量"，将不透明度设置在60%左右
- 用深浅不同的肉色画出肌肤

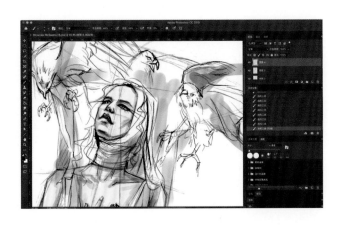

step 07:

- 新建一个图层，设置模式为"正片叠底"，选择画笔"硬圆压力不透明度和流量"，将不透明度设置在60%左右，用水绿色和黑色画出眼瞳，用不同深度的红色画出嘴唇，用偏灰的黄色画出眉毛
- 新建一个图层，设置模式为"正常"，选择画笔"硬边圆压力大小"，将不透明度调整为100%，用白色勾画出五官的高光

step 08:

- 新建一个图层，设置模式为"正片叠底"，选择画笔"硬圆压力不透明度和流量"，将不透明度设置在60%左右，用深浅不同的黄色画出头发的底色
- 新建一个图层，设置模式为"正常"，选择画笔"硬边圆压力大小"，将不透明度调整为100%，用白色及深黄色勾画出发丝

step 09:

- 新建一个图层，设置模式为"正片叠底"，选择画笔"硬圆压力不透明度和流量"，将不透明度设置在60%左右，用偏黄的灰色画出头饰的暗面
- 新建一个图层，设置模式为"正常"，选择画笔"硬边圆压力大小"，将不透明度调整为100%，用很淡的黄色勾画结构线

step 10:

- 新建一个图层，设置模式为"正片叠底"，选择画笔"硬圆压力不透明度和流量"，将不透明度设置在60%左右，用较淡的灰蓝色画出上衣的底色，用较深的灰蓝色画出上衣的暗面

step 11:

- 新建一个图层，设置模式为"正片叠底"，选择画笔"硬圆压力不透明度和流量"，将不透明度设置在60%左右，用棕色铺好裙摆羽毛的底色
- 用相对松散的笔触和线条的感觉意象化表达出羽毛的效果
- 新建一个图层，设置模式为"正常"，选择画笔"硬圆压力不透明度和流量"，将不透明度调整为100%，用灰色画出其他浅色羽毛的底色

step 12:

- 新建一个图层，设置模式为"正片叠底"，选择画笔"硬圆压力不透明度和流量"，将不透明度设置在60%左右，用深棕色，换更小一些笔触的画笔，勾画一些羽毛的细节，并强调出暗部
- 新建一个图层，设置模式为"正常"，选择画笔"硬边圆压力不透明度和流量"，将不透明度调整为100%，用较浅的灰色、较细的线条勾画出羽毛

step 13:

- 勾画羽毛后效果如图

14

15

16

step 14:

- 新建一个图层，设置模式为"正片叠底"，选择画笔"硬圆压力不透明度和流量"，将不透明度设置在60%左右
- 用棕色对裙摆整体做调整，适当在每一根羽毛根部着色
- 选择粗糙质感的画笔，画出裙摆底部的阴影

step 15:

- 新建一个图层，设置模式为"正片叠底"，选择画笔

"硬圆压力不透明度和流量"，将不透明度设置在60%左右，用深绿色和黑色画出鞋子

step 16:

- 新建一个图层，设置模式为"正片叠底"，选择画笔"硬圆压力不透明度和流量"，将不透明度设置在60%左右，用黄色和棕色为老鹰铺上底色
- 新建一个图层，设置模式为"正片叠底"，选择画笔"硬边圆"，将不透明度设置在40%~60%之间，用深棕色画出羽毛较深的位置

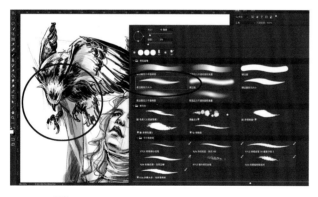

step 17:

- 新建一个图层，设置模式为"正常"，选择画笔"柔边圆压力大小"，将不透明度调整为100%
- 用黑色勾画较深的位置，用白色点缀一些羽毛的装饰线

step 18:

- 新建一个图层，设置模式为"正常"，选择画笔"硬圆压力不透明度和流量"，将不透明度设置在60%左右
- 用灰色及白色对老鹰身下区域的明暗做整体调整

step 19:

- 在线稿前新建一个图层，设置模式为"正片叠底"，选择一种有质感的装饰画笔，将不透明度设置在40%～60%之间
- 用灰粉色画出背景的装饰色

step 20:

- 新建一个图层，设置模式为"正常"，选择画笔"硬边圆压力大小"，将不透明度调整为100%
- 用白色画一些装饰线，背景的羽毛图案要呼应裙摆的结构

4.2.2 Giambattista Valli——蓬裙与蕾丝图案的绘制

主要结构和次要结构可以选择
"一实一虚"的方式进行绘画

背景选择服装主色的对比色，
调低颜色的纯度，以衬托服装

背景图案直接选取服装中
出现过的纹样降低颜色的
不透明度，并改变图案大小，
与服装中的图案呼应

服装中会出现重复图案时，
先画好其中一组再进行复制粘贴

省略边缘或靠后的服装细节

Giambattista Valli   2020 早春

step 01:

- 用简洁的线条画出整体比例参考线
- 如果裙摆较大，要适当拉长身长，让画面各部分比例更和谐

step 02:

- 进一步用简洁的线条画出大概结构

step 03:

- 详细画出各部分细节

step 04:

- 在Ps中新建一个文档，将线稿拉入文档中，Mac键盘通过 "Command＋T"（Windows键盘用 "Ctrl＋T"）调整线稿到合适的大小和位置
- 新建一个图层，将图层模式设置为"正片叠底"，选择画笔"硬圆压力不透明度和流量"，将不透明度设置在60%左右，用灰色画出阴影

step 05:

- 新建一个图层，将图层模式设置为"正片叠底"，选择画笔"硬圆压力不透明度和流量"，将不透明度设置在60%左右
- 用深浅不同的肉色画出肌肤

step 06:

- 新建一个图层，将图层模式设置为"正片叠底"，选择画笔"硬圆压力不透明度和流量"，将不透明度设置在60%左右
- 用水蓝色和黑色画出眼瞳，用深棕色画出眉毛和头发
- 新建一个图层，将图层模式设置为"正常"，选择画笔"硬边圆压力大小"，将不透明度调整为100%，用白色点出眼球高光

step 07:

- 新建一个图层，将图层模式设置为"正片叠底"，选择画笔"硬圆压力不透明度和流量"，将不透明度设置在60%左右
- 用肉粉色画出裙子的底色
- 可以将裙摆颜色稍微调暖一些，区别开肌肤的肉色
- 用深肉粉色画出暗面

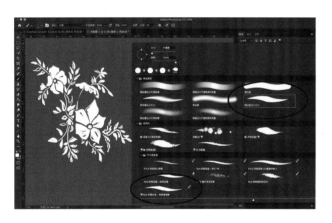

step 08:

- 新建一个图层或新建一个文档，选取适合绘画清晰图案的画笔
- 用白色画笔，画出裙摆上的蕾丝图案

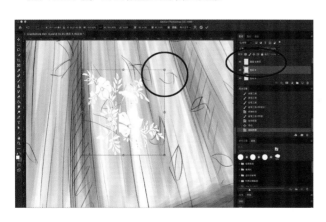

step 09:

- 将画好的图案复制拖拽到设计图中，快捷方式是点击左侧工具栏最上方"移动工具"，Mac键盘按住Option键（Windows键盘按住Alt键），对图案进行拖拽
- 拉入图稿中后将图案调整到合适的大小，并适当调整方向，然后复制一个图案备用

step 10:

- 通过不停复制粘贴和调整图案的大小、方向，将需要铺蕾丝的位置贴好图案
- 在贴图过程中，注意调整方向和大小，让图案在合理的范围内进行变化，让蕾丝的分布看上去更自然
- 擦掉个别褶皱内的蕾丝图案，或超出边界的蕾丝图案
- 越靠后的位置，图案越小

step 11:

- 新建一个图层，将图层模式设置为"正常"，选择画笔"硬圆压力不透明度和流量"，将不透明度设置在90%左右

- 用白色画出纱较亮的位置，与白色蕾丝融为一体
- 新建一个图层，将图层模式设置为"正常"，选择画笔"硬边圆压力大小"，将不透明度调整为100%
- 用白色勾画纱的结构线，并画出底边的层次感

step 12:

- 新建一个图层，将图层模式设置为"正片叠底"，选择画笔"硬圆压力不透明度和流量"，将不透明度设置在80%左右，用深浅不同的黄色和橘黄色，画出头部的羽毛饰品
- 新建一个图层，将图层模式设置为"正常"，选择画笔"硬边圆压力大小"，将不透明度调整为100%，用偏白的黄色，勾画饰品亮面的结构

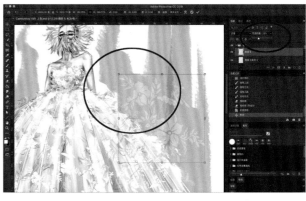

step 13:

- 新建一个图层，将图层模式设置为"正常"，选择适合画细节的画笔，将不透明度调整为100%
- 用明黄色画出裙子上的羽毛底色

step 14:

- 绘画效果如图
- 羽毛的体积大小和分布要不规则

step 15:

- 新建一个图层，选择画笔"硬边圆"，用深黄色点缀个别羽毛的根部
- 在线稿前新建一个图层，选择装饰画笔，不透明度设置在40%左右，用灰紫色画出背景底色

step 16:

- 新建一个图层，将之前保留好的裙摆蕾丝图案放大并拖拽到背景上
- 调整到合适的大小，并调低图层的不透明度

step 17:

- 将图案通过复制粘贴的方式，以不规则的形式点缀在背景上，呈现效果如图
- 擦掉不需要的部分

4.2.3 Iris Van Herpen——细腻的褶皱

不必画全所有位置的褶皱，适当取舍更有波动感

用同色系、高明度的颜色勾画一些边缘装饰线

如果服装上的纹样较为复杂，可以在画好图案后统一调整明暗关系

对称图案选择复制粘贴后，要进行细节调整，让图案的走向与服装结构更加贴合

Iris Van Herpen　2021 早春

step 01:

• 用简洁的线条画出人体的动态

step 02:

• 进一步用简洁的线条画出人物动态及服装结构

step 03:

- 详细画出各部分细节
- 褶皱和具体的刺绣图案可以适当表达

step 04:

- 在PS文件中新建一个文档，将线稿拖入文档中
- 将线稿调整到合适的大小，放在偏左的位置
- 在线稿下新建一个图层，用大笔刷画笔在效果图周围竖向画一些黑色的装饰

step 05:

- 将背景图层暂时性调低不透明度，以便看清线稿，方便上色
- 新建一个图层，将图层模式设置为"正片叠底"，选择画笔"硬圆压力不透明度和流量"，将不透明度设置在60%左右，用深浅不同的肉色为肌肤上色

step 06:

- 新建一个图层，将图层模式设置为"正片叠底"，选择画笔"硬圆压力不透明度和流量"，将不透明度设置在80%左右
- 用紫色和黑色画出眼瞳，用深浅不同的红色画出嘴唇
- 新建一个图层，将图层模式设置为"正常"，选择画笔"硬边圆压力大小"，将不透明度调整为100%
- 用白色画出五官的高光

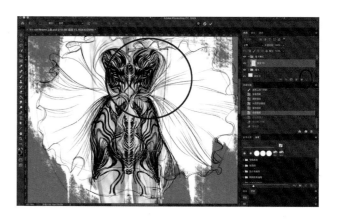

step 09:

- 将画好的刺绣图案全部选中，并建立一个分组
- 将分组直接拖拽到图层工具栏中"创建新图层"，复制一组相同图案
- 将所有复制图层合并，快捷方式为Mac键盘按"Command + E"（Windows键盘按"Ctrl + E"）
- 选中合并好的图层后，Mac键盘快捷方式为"Command + T"（Windows键盘按"Ctrl + T"），对图案进行调整
- 鼠标右键菜单选择"水平翻转"，将图案拖拽到身体的右侧，点击上方工具栏"在自由变换和变形模式之间切换"，适当调整图案形状以更适应结构

step 07:

- 新建一个图层，将图层模式设置为"正片叠底"，选择画笔"硬圆压力不透明度和流量"，将不透明度设置在80%左右，用棕黄色画出头发的底色
- 新建一个图层，将图层模式设置为"正常"，选择画笔"硬边圆压力大小"，将不透明度调整为100%，用棕黄色勾画出发丝

step 08:

- 新建一个图层，将图层模式设置为"正常"，选择画笔"硬边圆压力大小"，将不透明度设置在80%左右
- 用深浅不同的紫色画出紫色部分的刺绣图案
- 用深浅不同的橘红色画出剩余位置的刺绣图案

step 10:

- 新建一个图层，将图层模式设置为"正片叠底"，选择画笔"硬圆压力不透明度和流量"，将不透明度设置在80%左右，用深灰色画出阴影
- 新建一个图层，将图层模式设置为"正常"，选择画笔"硬边圆压力大小"，将不透明度调整为100%
- 用白色提亮蕾丝面料的亮部

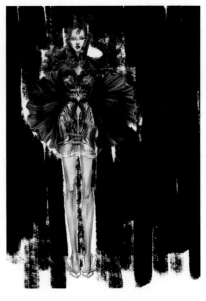

step 11:

- 新建一个图层，将图层模式设置为"正片叠底"，选择画笔"硬圆压力不透明度和流量"，将不透明度设置在80%左右
- 用橘红色画出褶皱面料的底色
- 将黑色背景图层的不透明度调回100%
- 用深橘红色和较小笔触的画笔，表现出褶皱面料的层叠感

step 12:

- 新建一个图层，将图层模式设置为"正片叠底"，选择画笔"硬圆压力不透明度和流量"，将不透明度设置在80%左右
- 用较深的橘红色和较大笔触的画笔画出褶皱面料的暗部

step 13:

- 新建一个图层，将图层模式设置为"正常"，选择画笔"硬边圆压力大小"，将不透明度调整为100%
- 用明度较高的浅橘色勾画出褶皱边缘结构和褶皱装饰线

step 14:

- 新建一个图层，将图层模式设置为"正片叠底"，选择画笔"硬圆压力不透明度和流量"，将不透明度设置在80%左右
- 用深浅不同的米黄色画出鞋子的底色
- 新建一个图层，将图层模式设置为"正常"，选择画笔"硬边圆压力大小"，将不透明度调整为100%
- 用白色画出鞋子的结构装饰线

step 15:

- 将画好的服装效果图进行复制，单独设置复制后的线稿图层模式为"正片叠底"，将其他复制图层合并
- 将合并好的复制图层不透明度设置在40%左右，并将两个复制图层置于黑色背景图层上
- 调整两个复制图层的位置和大小，擦掉其腿部

4.2.4 Elie Saab——多层次蕾丝素材的使用

整体复制所有图层作为背景装饰时，可以通过大小不同或透明度不同，为画面增加装饰性

蕾丝图案可以通过逐一绘画，或者抠图的形式表现在画面中

复制后的图案，要进行细节调整可以调整：大小、形状、方向和颜色，或者抠掉不需要的部分

可以通过"绘画"和"抠图"两种不同形式，让面料更有层次感

在绘画的过程中随时调整整体明暗关系，让每个层次都随着服装的结构，自然转折

Elie Saab　2020 春夏

step 01:

• 用简洁的线条画出人体的动态

step 02:

• 进一步用简洁的线条画出人物及服装的大概结构

step 03:

- 详细画出各部分的细节
- 蕾丝图案适当表现

step 04:

- 新建一个图层，将图层模式设置为"正片叠底"，选择画笔"硬圆压力不透明度和流量"，将不透明度设置在60%左右
- 用深浅不同的肉色画出肌肤
- 用灰蓝色和黑色画出眼瞳，用深浅不同的红色刻画嘴唇
- 新建一个图层，将图层模式设置为"正常"，选择画笔"硬边圆压力大小"，将不透明度调整为100%，用白色画出高光

step 05:

- 新建一个图层，将图层模式设置为"正片叠底"，选择画笔"硬圆压力不透明度和流量"，将不透明度设置在60%左右
- 用深浅不同的黄棕色画出头发的底色
- 新建一个图层，将图层模式设置为"正常"，选择画

笔"硬边圆压力大小"，将不透明度调整为100%，用深棕色及白色勾画发丝

step 06:

- 新建一个图层，将图层模式设置为"正片叠底"，选择画笔"硬圆压力不透明度和流量"，将不透明度调整为100%，用淡黄色为耳饰打底
- 新建一个图层，将图层模式设置为"正常"，选择画笔"硬边圆压力大小"，将不透明度调整为100%，用灰色及白色画出耳饰的阴影和高光

step 07:

- 新建一个图层，将图层模式设置为"正片叠底"，选择画笔"硬圆压力不透明度和流量"，将不透明度设置在80%左右
- 用深浅不同的肉色画出裙子的底色

step 08:

- 新建一个图层，将图层模式设置为"正常"，选择画笔"硬边圆压力大小"，将不透明度调整为100%
- 用深肉色勾画出画面左侧上衣底层蕾丝的图案

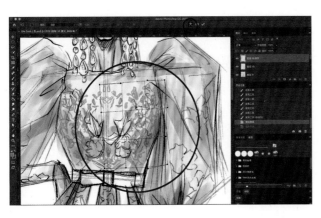

step 09:

- 将画好的蕾丝图层进行复制，Mac键盘快捷方式是按"Command＋T"（Windows键盘按"Ctrl＋T"），鼠标右键菜单选择"水平翻转"

- 将图层拉到合适的位置，点击上方工具栏"在自由变换和变形模式之间切换"，进行细节调整

step 10:

- 将蕾丝图案铺满裙摆后效果如图
- 合并所有蕾丝图层后，适当调低不透明度，并将模式调整为"正片叠底"

183

step 11:

- 将需要的蕾丝素材拉入PS软件中，选择左侧工具栏中"钢笔工具"进行抠图
- 按下拖动可以调整弧线形状，Mac键盘按住Option键单击蓝色可以结束对当前形状的调整（Windows键盘按住的是Alt键）

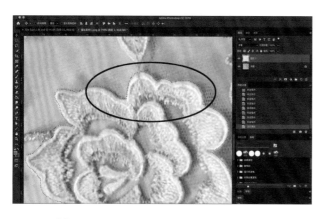

step 12:

- 勾图完成后，结束抠图Mac键盘快捷键为按"Command + 回车键"（Windows键盘为按住"Ctrl + 回车键"）
- 封闭选区后呈现如图效果，选区被虚线框住
- 如果需要反选区域，Mac键盘快捷键为按住 Command + Shift键（Windows键盘为按住Ctrl + Shift 键）后单击"I"键

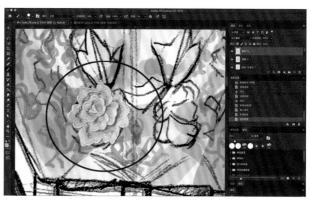

step 13:

- 选择左侧工具栏上方"移动工具"，Mac键盘按住 Option键拖动图案（Windows键盘按住Alt键），将抠下的蕾丝素材拉入设计图中，调节到合适的大小和位置

step 14:

- 新建一个图层，将图层模式设置为"正片叠底"，选择画笔"硬圆压力不透明度和流量"，将不透明度设置在80%左右，用深浅不同的粉色为整个花朵铺色
- 新建一个图层，将图层模式设置为"正常"，选择画笔"硬边圆压力大小"，将不透明度调整为100%，用白色为花朵边缘钩边，强调边缘
- 合并花朵及上色图层。选取需要合并的图层，Mac键盘快捷键为按"Command + E"（Windows键盘为"Ctrl + E"）

step 15:

- 用同样的方式抠出叶子图案
- 点击上方工具栏"图像—调整—色相/饱和度…"或"亮度/对比度…"和"曲线…"，调整成需要的颜色

step 16:

- 点击左侧工具栏最上方"移动工具"，按住Option键，拖动图案进行复制，并铺好所有的花朵图案
- 复制的同时要随时调整图案的大小和方向，并擦掉不需要的位置
- 调整图片，Mac键盘快捷键为"Command＋T"（Windows键盘为"Ctrl+T"）

step 17:

- 用同样的方式将叶子铺好

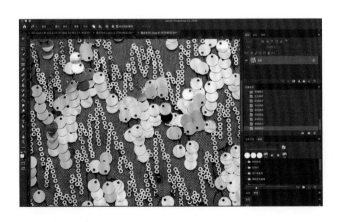

step 18:

- 将需要的亮片图案拖入PS软件中，依照抠出蕾丝图同样的方式，将需要的亮片部分抠出

15

16

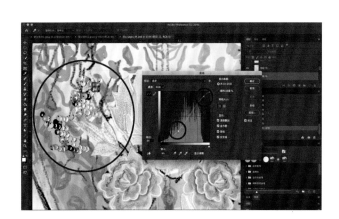

step 19:

- 将亮片复制并拖入效果图中，单击上方工具栏"图像—调整—色相/饱和度…"，调整成需要的绿色系
- 单击"图像—调整—亮度/对比度…"和"曲线…"，调整对比度
- 新建一个图层，将图层模式设置为"正常"，选择画笔"硬边圆压力大小"，将不透明度调整为100%，用白色画出亮片的高光

step 20:

- 用与复制蕾丝一样的方式复制亮片到裙子需要的位置

step 21:

- 新建一个图层，将图层模式设置为"正片叠底"，选择画笔"硬圆压力不透明度和流量"，将不透明度设置在80%左右，用深裸色调整裙子暗部，让蕾丝更贴合服装的转折
- 新建一个图层，将图层模式设置为"正常"，选择画笔"硬圆压力不透明度和流量"，将不透明度设置在80%左右，用白色提亮裙摆褶皱的亮面
- 将画笔调整为"硬边圆压力大小"，不透明度调整为100%，用白色勾画出裙子的结构

step 22:

- 新建一个图层，将图层模式设置为"正片叠底"，选择画笔"硬圆压力不透明度和流量"，将不透明度设置在80%左右
- 用装饰画笔画出裙摆的阴影，颜色选择贴近裙子裸色系的偏灰的颜色

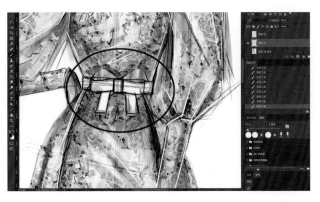

step 23:

- 新建一个图层，将图层模式设置为"正常"，选择画笔"硬圆压力不透明度和流量"，将不透明度调整为100%
- 用深浅不同的带有金属感的颜色画出腰带上的金属部分，用白色画出高光部分

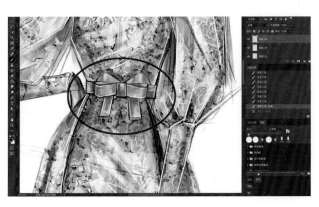

step 24:

- 新建一个图层，将图层模式设置为"正常"，选择画笔"硬边圆"，将不透明度调整为100%，用芥末绿画出腰带底色
- 调整画笔模式为"硬圆压力不透明度和流量"，用深芥末绿色和白色画出腰带的暗部与高光

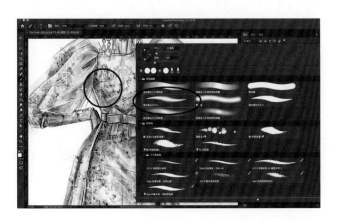

step 25:

- 新建一个图层，将图层模式设置为"正常"，选择画笔"硬边圆压力大小"或"柔边圆压力大小"，将不透明度调整为100%
- Mac键盘按住"向上箭头键"，Windows键盘按住Shift键，用横线和竖线在亮片位置，不规则画出十字闪光
- 十字要有大小和疏密的区别

step 26:

- 选中所有图层，点击左侧工具栏中最上方"移动工具"，将所有图层移至右侧
- 将除了裙摆下阴影图层以外的所有图层全部选中，拖拽到图层工具栏右下角"创建新图层"，将所有图层复制一份
- Mac键盘快捷键按"Command＋E"（Windows键盘按"Ctrl＋E"），将所有图层合并
- Mac键盘快捷键按"Command＋T"（Windows键盘按"Ctrl＋T"），将图层调大，并将图片模式调整为"正片叠底"，不透明度设置在40%左右

step 27:

- 点击左侧工具栏"橡皮擦工具"，右击将模式调整为"柔边圆压力不透明度"，将上方工具栏中不透明度设置在80%左右
- 将主设计图下面的位置，轻轻擦去

4.2.5 Zuhair Murad——钻饰的表达

在亮片面料附近加一些较大的亮光，
会提升画面整体闪光感

绘画亮片或者钻较多的面料时，要增强明暗对比度，
用较深的底色衬托出钻饰的亮度，钻也要有深浅变化

缎面料子光泽感较强，反光位置会有纯度
较高的颜色出现

装饰性勾线可以选取偏白的颜色，根据不同颜色的面
料调整色相

面料必须始终站在整体角度进行绘画

Zuhair Murad　2020 春夏

step 01:
• 用简洁的线条画出人体动态

step 02:
• 进一步用简洁的线条画出各
部分结构

step 03:

- 详细画出各部分细节
- 用简单的线条表现出衣服上的串珠走向

step 04:

- 将线稿拖入PS软件中，线稿要偏左侧放置，给右侧拖尾留出更多空间
- 新建一个图层，将图层模式设置为"正片叠底"，选择画笔"硬圆压力不透明度和流量"，将不透明度设置在60%左右，用灰色画出阴影

step 05:

- 新建一个图层，将图层模式设置为"正片叠底"，选择画笔"硬圆压力不透明度和流量"，将不透明度设置在60%左右，用深浅不同的肉色画出肌肤
- 新建一个图层，将图层模式设置为"正片叠底"，选择画笔"硬圆压力不透明度和流量"，将不透明度设置在60%左右
- 用水绿色和黑色画出眼瞳，用深浅不同的红色画出嘴唇
- 新建一个图层，将图层模式设置为"正常"，选择画笔"硬边圆压力大小"，将不透明度调整为100%，用白色画出高光

step 06:

- 新建一个图层，将图层模式设置为"正片叠底"，选择画笔"硬圆压力不透明度和流量"，将不透明度设置在60%左右，用深棕色画出头发底色
- 新建一个图层，将图层模式设置为"正常"，选择画笔"硬边圆压力大小"，将不透明度调整为100%，用白色和深棕色勾画发丝
- 新建一个图层，将图层模式设置为"正片叠底"，选择画笔"硬圆压力不透明度和流量"，将不透明度设置在60%左右，用肉粉色淡淡画出上衣的底色

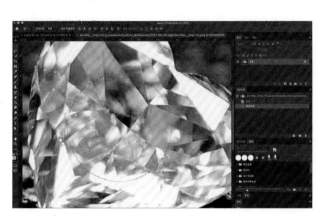

step 07:

- 将准备好的粉色水晶图片拉入Ps软件，点击工具栏左上方"椭圆选框工具"，Mac键盘按住向上箭头（Windows键盘按住Shift键），在需要的位置拖动鼠标在图案中画圆
- 点击左侧工具栏最上方"移动工具"，Mac键盘按住Option键（Windows键盘按住Alt键），拖动所选区域，复制图案到效果图文档中

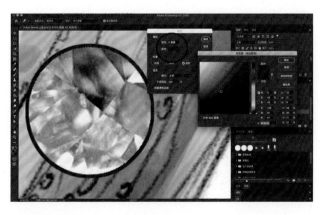

step 08:

- 点击上方工具栏"编辑—描边"，调整颜色为深灰粉色，宽度可自行设置，在这里推荐5像素

- 水晶描边效果如图

step 09:

- Mac键盘按快捷键"Command＋D"取消图中虚线选区（Windows键盘按"Ctrl＋D"）
- Mac键盘按住Command键重新点选图层（Windows键盘按住Ctrl键），形成描边后的新选区
- Mac键盘按快捷键"Command＋T"对图片大小进行调整（Windows键盘按"Ctrl＋T"）

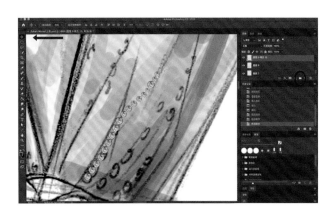

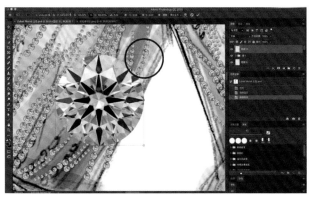

step 12:

- 如图中所示粘贴好所有需要的粉水晶的位置

step 10:

- 点击左侧工具栏最上方"移动工具"，Mac键盘按住Option键拖动图片（Windows键盘按住Alt键），将水晶复制排列到需要的位置

- 在复制过程中随时调整图案大小，Mac键盘按快捷键"Command＋T"（Windows键盘按"Ctrl＋T"），结束按回车键

- 选中最下方水晶图层，Mac键盘按住向上箭头（Windows键盘按住Shift键），点击最上层水晶图层，选中所有需要合并或者组建分组的图层

- 拖动所有选中图层，到图层工具栏右下角"创建新组"，将做好的一组图案分组

- 也可以合并所有选中图层，形成一个全新的图案，Mac键盘按快捷键"Command＋E"合并所有图层（Windows键盘按"Ctrl＋E"）

step 13:

- 用同样的方式将需要的另一个钻饰图案拉入效果图文档中

- 按照与之前相同的方式复制并调整其大小

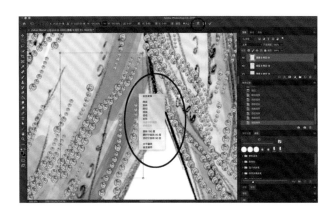

step 11:

- 对于复制出的图案要随时调整，除了大小，还可以调整方向或者整体扭曲的形状，可以在选取之后点击鼠标右键，或者点击上方工具栏中"在自由变换和变形模式之间切换"，对图案进行细节调整

- 可以选择左侧工具栏中"套索工具"或"钢笔工具"，对局部进行复制

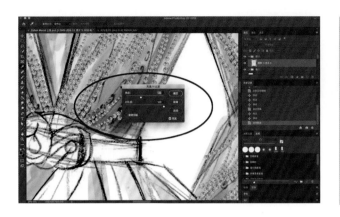

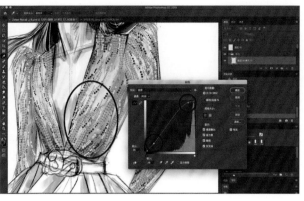

step 14:

- 将图案进行亮度及对比度的调整
- 选中图层，点击上方工具栏"图像—调整—亮度/对比度…"，对所选图层进行调整

step 17:

- 用同样的钻饰图案，或选择另一种更需要的图案，按照同样的方式，铺好颜色较浅的钻
- 调整图案的明暗或对比度，通过点击上方工具栏中"图像—调整—曲线…"进行调整

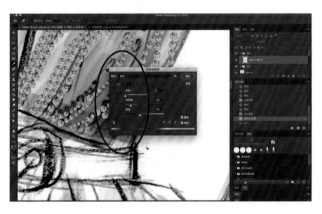

step 15:

- 点击上方工具栏"图像—调整—色相/对比度…"，调整所选图层的颜色，整体着色时可以点击右下角"着色"

step 16:

- 如图中所示，用上文中提到过的方式，铺好深色的钻

16

step 18:

- 新建一个图层，将图层模式设置为"正片叠底"，选择画笔"硬圆压力不透明度和流量"，将不透明度设置在60%左右
- 用深裸粉色为上衣铺过装饰的位置整体铺阴影的颜色
- 新建一个图层，将图层模式设置为"正常"，选择适合勾画线条的画笔模式，将不透明度调整为100%
- 用白色为上衣的结构及装饰物的走向勾出装饰线

step 19:

- 新建一个图层，将图层模式设置为"正常"，选择画笔"柔边圆压力大小"，将不透明度调整为100%
- Mac键盘按住向上箭头画十字交叉闪光图案（Windows键盘按住Shift键）
- 也可以选择画笔中类似闪光的笔触直接绘画闪光装饰

step 20:

- 新建一个图层，将图层模式设置为"正片叠底"，选择画笔"硬圆压力不透明度和流量"，将不透明度设置在60%左右，用偏灰的裸粉色为裙子整体铺色
- 用深橘粉色画出裙摆较暗及纯度相对高一点的位置

step 21:

- 新建一个图层，将图层模式设置为"正常"，选择画笔"柔边圆压力大小"及"硬圆压力不透明度和流量"，将不透明度调整为100%
- 用较浅的裸粉色画出裙摆亮面，并勾画出一些装饰结构线

step 22:

- 新建一个图层，将图层模式设置为"正片叠底"，选择画笔"硬圆压力不透明度和流量"，将不透明度设置在60%左右，用深金属色画出腰带及鞋的底色
- 新建一个图层，将图层模式设置为"正常"，选择画笔"柔边圆压力大小"及"硬圆压力不透明度和流量"，将不透明度调整为100%，用较亮的金属色及白色画出鞋和腰带的高光

step 23:

- 在线稿前新建一个图层，选择画装饰用的画笔，用较大的笔触进行装饰背景色的绘画，将画笔笔触的不透明度设置在50%左右
- 在人物周边用偏粉的灰色，以轻松的笔触画出一些装饰色

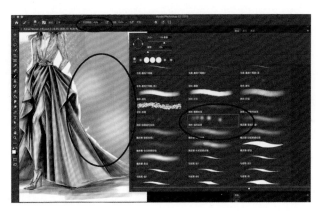

step 24:

- 新建一个图层，选择一种可以画出散光感觉的画笔，将不透明度设置在90%左右
- 调大画笔，用白色点缀一些柔光在背景位置，不宜过多，点缀即可

step 25:

- 新建一个图层，将图层模式设置为"正常"，选择画笔"柔边圆压力大小"，将不透明度调整为100%
- 用白色点缀一些较大的高光在背景及衣服周围

4.2.6 Christian Dior——刺绣图案的表现方法

会在肌肤上呈现出的投影的深浅或冷暖，
要随着转折而发生变化

背景装饰使用少量的服装中出现的元素即可

刺绣类图案尽可能选用类似针法的
笔触进行绘画

白色装饰线出现的位置要能够强调结构，
要用轻松且简单的线条

较远或较暗的位置，图案也会随之虚化
在绘画过程中，要进行适当取舍

Christian Dior　2007 早春

step 01:
• 用简洁的线条画出人体动态

step 02:
• 进一步用简洁的线条画出各
个位置的结构参考线

step 03:

- 详细画出各部分的细节
- 服装上的图案用相对简洁的线条表现出大概结构即可

step 04:

- 将线稿拖入PS文件中，新建一个图层，将图层模式设置为"正片叠底"，选择画笔"硬圆压力不透明度和流量"，将不透明度设置在60%左右
- 用灰绿色表现出阴影

step 05:

- 新建一个图层，将图层模式设置为"正片叠底"，选择画笔"硬圆压力不透明度和流量"，将不透明度设置在60%左右。用深浅不同的肉色画出肌肤，用蓝色和黑色画出眼瞳及眼影，用深浅不同的红色画出嘴唇
- 新建一个图层，将图层模式设置为"正常"，选择画笔"硬边圆压力大小"，将不透明度调整为100%，用白色点缀出五官的高光

step 06:

- 新建一个图层，将图层模式设置为"正常"，选择画笔"硬圆压力不透明度和流量"，将不透明度调整为100%，用白色提亮面部，形成白色粉底效果
- 将画笔调整为"硬边圆压力大小"，用蓝色及红色强调眼影、画出腮红

step 07:

- 新建一个图层，将图层模式设置为"正片叠底"，选择画笔"硬圆压力不透明度和流量"，将不透明度设置在60%左右，用较深的肉色画出帽子在脸上的投影
- 注意投影颜色因面部转折引起的颜色变化

step 08:

- 新建一个图层，将图层模式设置为"正片叠底"，选择画笔"硬圆压力不透明度和流量"，将不透明度设置在60%左右
- 用深棕色画出头发，用偏灰的芥末绿色画出头饰打底色
- 新建一个图层，将图层模式设置为"正常"，选择画笔"硬边圆压力大小"，将不透明度调整为100%
- 用较深的芥末绿色和较亮的浅绿色强调出发饰的暗面，刻画出发饰的亮面及发丝

step 09:

- 新建一个图层，将图层模式设置为"正常"，选择画笔"硬边圆压力大小"，将不透明度调整为100%
- 用帽子的中间色为帽子打底，直接用较细笔触的画笔勾画出帽子的编织感
- 新建一个图层，将图层模式设置为"正片叠底"，选择画笔"硬圆压力不透明度和流量"，将不透明度设置在60%左右
- 用深一度的芥末绿色，调大画笔的笔触，强调帽子的暗面

step 10:

- 新建一个图层，将图层模式设置为"正常"，选择画笔"硬边圆压力大小"，将不透明度调整为100%
- 用偏白的芥末绿色勾画出帽子的亮面，越靠前的位置，浅色线条越多

step 11:

- 新建一个图层，将图层模式设置为"正片叠底"，选择画笔"硬圆压力不透明度和流量"，将不透明度设置在80%左右
- 用比较中性的芥末绿色画出外套及胸前结构的底色
- 用较深的芥末绿色画出外套及胸前结构的暗面

step 12:

- 新建一个图层，将图层模式设置为"正片叠底"，选择画笔"硬圆压力不透明度和流量"，将不透明度设置在80%左右
- 用明黄色画出裙子的底色，用深黄色画出裙子的暗面

step 13:

- 新建一个图层，将图层模式设置为"正片叠底"，选择画笔"硬圆压力不透明度和流量"，将不透明度设置在60%左右
- 用红色及较浅的水蓝色画出门襟的底色
- 新建一个图层，将图层模式设置为"正常"，选择画笔"硬圆压力不透明度和流量"，将不透明度设置在60%左右
- 用深红色和灰蓝色强调出阴影

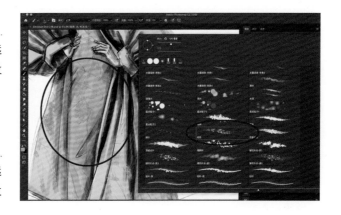

step 14:

- 新建一个图层，将图层模式设置为"正常"，选择笔触类似刺绣针法的画笔，将不透明度调整为100%
- 用深浅不同的黄色画出服装中的黄色刺绣部分

step 15:

• 新建一个图层，用同样的方式画出橘红色部分刺绣

step 16:

• 新建一个图层，画出花朵中的粉色和白色部分刺绣
• 用同样的笔触画出绿色部分刺绣的图案，随时调整颜色深浅

step 17:

• 新建一个图层，将图层模式设置为"正片叠底"，选择画笔"硬圆压力不透明度和流量"，将不透明度设置在80%左右
• 用白色强调出服装的亮面，用灰绿色调整暗面

step 18:

- 新建一个图层，将图层模式设置为"正片叠底"，选择画笔"硬边圆"，将不透明度调整到100%
- 用明黄色画出鞋子的底色，再用深黄色画出较暗的位置

step 19:

- 新建一个图层，将图层模式设置为"正常"，选择画笔"硬边圆压力大小"，将不透明度调整为100%
- 用白色勾画出装饰线

step 20:

- 在线稿图层上方新建一个图层，选择一种中国风画笔
- 将画笔的不透明度设置在30%左右，用灰绿色不规则地点缀一些装饰图案

step 21:

- 将除装饰背景以外所有图层复制一份，并合并所有复制的图层
- 将复制的图层拖到所有图层最下面，并将图层的不透明度设置在40%左右，将图层调大并放于右侧
- 用柔边橡皮擦工具擦掉不需要的部分

Chapter 05

舞台服装设计师
效果图技法
——有灵魂的
戏剧人物

5.1 什么是舞台服装设计师

5.1.1 需要掌握的技能和工作职责

对舞台服装设计师的几个基本要求：①掌握戏剧、影视及舞台美术类学科的基础理论和基本知识；②会读剧本并做好剧本分析；③有戏剧影视类服装设计的基本能力；④大致了解中西方各时期服饰的特点；⑤比时装设计和高级定制服装设计更大胆的创意思维；⑥吃苦耐劳坚守岗位的决心；⑦大致了解特殊材料或制作工艺在服装设计中的运用方法及可能性。

舞台服装设计是戏剧影视设计中的服装设计方向。戏剧指以语言、动作、舞蹈、音乐、木偶等形式达到叙事目的的舞台表演艺术的总称，是由演员扮演角色在舞台上当众表演故事的一种综合艺术。戏剧的表演形式多种多样，常见的包括话剧、歌剧、舞剧、音乐剧、木偶戏等。影视剧则是大多在电视、影院或各大网络平台等播出的戏剧形式。从事戏剧影视美术设计类的工作者，需要具备戏剧、戏曲、影视和其他舞台演出的美术设计方面的能力，一般在剧院、电视台或电视剧制作中心从事美术设计。戏剧影视美术设计包含灯光设计、布景场景设计、服装设计和化妆设计。

戏剧是由演员将某个故事或情境，以对话、歌唱或动作等方式表演出来的艺术，因此为戏剧影视做服装设计的设计师，在设计服装时要考虑的因素有很多。在设计服装时首先要通读剧本，会做剧本分析。剧本分析是在戏剧影视类工作中的一个十分重要的基础的工作，也可以说是做设计前的一个准备工作。剧本分析包含了对剧本很多层面的分析，站在服装设计工作者角度来讲，我们需要通过剧本分析出以下几个主要内容：①对于作者的分析了解；②对于剧本所处时期的服装特点的分析；③对于剧本主题思想的分析；④对每一个人物通过性格、身份、故事情节等特点进行服饰设计的概述；⑤分场次分析整体故事并进行明确划分；⑥要对戏剧的风格题材及表演形式有明确的了解等。关于剧本分析是一门专业的课程，在此就不进行过于详细地讲解了。

将剧本分析透彻，可以对我们的设计工作提供很大的帮助，便于我们在思路清晰的情况下对每个人物进行恰当的服装设计。掌握好剧本内容后，一般会先进行一轮服装信息的资料查找。比如如果是年代戏或一些特定人物形象设计，可以去翻看历史类书籍，或找到这一特殊形象的原本样貌作为参考，然后再进行发散性思维设计。舞台服装设计区别于成衣和高级定制的地方在于，我们是为一个角色，或者一个节目而设计的。一切设计的合理性都要建立在角色定位精准的基础之上，而不是单纯靠设计师自己的设计想法或喜好去进行服装设计。因此作为舞台服装设计师，一定要更多地了解历史文化、古代服饰和各类事物的特点等，一系列看似与服装设计师不相关的领域，都有可能成为我们的设计灵感来源和参考。

另外舞台服装相对于其他两大类，在设计上可以更大胆。比如木偶剧，很多服装做出来后，完全超出了人体大小，穿着装扮后完全看不到演员，这时"人"更像是一个载体或是一个衣架。但往往这样的服装更具有视觉冲击力，更适合舞台。我们的设计也会受到景别影响，比如如果一个角色重点拍摄是上半身，那设计重点如果放在下半身，就什么都看不到了。由于戏剧影视服装设计会受到戏剧表现形式特点的影响，因此会遇到很多特殊情况，比如有些角色需要穿着速干的衣服；有些衣服要有足够的弹性或便于舞蹈动作；有些衣服要吊威亚等。因此舞台服装设计师要了解特殊材料在服装设计中的运用，同时也要了解一些特殊材料的制作工艺。

舞台服装设计师的工作地点，通常在剧院、电视剧制作中心等地方，工作时间相对不规律，往往会受到戏剧演出时间或电影电视剧拍摄时间的影响。同时服装设计图数量相对较大，且会根据导演和设计主管的要求反复修稿，因此如果想成为舞台服装设计师，就要做好在夜间工作或长期居住于剧组的准备。平心而论，如果只能接受朝九晚五的规律性工作，就不要选择舞台服装设计这个行业了。

5.1.2 可能接触到的相关人员

版师、样衣工和面料商肯定是每个服装设计师都会接触到的人员。另外受到舞台服装设计工作环境的影响和工作性质的影响，还会接触到导演、导演助理、服装组、演员、艺人经纪人、化妆师、舞台设计师、灯光设计师、摄影摄像师、工厂监制和工厂老板等所有可能与戏剧表演产生关系的人员。

导演组主要会与设计总监对接人物造型整体风格、试装时间、拍摄或候场时间等一系列问题。服装组一般不参与服装设计，只负责服装管理。服装设计师会将设计制作出来的所有服装，按照角色和场次统一交付给服装组进行管理。戏剧类服装创作与影视剧服装在创作过程中会存在一点小区别，戏剧类服装设计创作过程中会以导演的想法为主，但是演员也会参与其中给出很重要的参与意见。而影视剧服装创作过程中大部分由导演及主创团队把控全局，设计师根据自己的专业进行分析创作，演员一般不会参与到创作中来。但服装创作的过程中，也会有与一些演员进行沟通的可能性，个别小意见也会为我们的创作提供一些灵感和帮助。舞台服装设计师与其他舞美设计相关的工作人员，比如化妆、舞台和灯光设计师，之间是相互配合、相互影响的关系，要学会及时沟通。在摄影摄像师的镜头下会让服装设计师发现很多自己设计上不合理的或不够贴合角色特点，以及不适合演员身材的问题，因此要学会在镜头下发现问题。工厂监制、工厂老板与板师和样衣工一样，主要是与服装设计师沟通服装制作相关问题。为了更好地呈现出更多富有创意性的舞台服装，要具备耐心和不断探索的决心，他们都是为设计师能够将不现实的创想变为实体服装提供帮助的重要的工作人员。

5.1.3 职业发展可能性

舞台服装设计师相比较时装设计师和高级定制设计师而言，会相对辛苦一些。尤其在入职初期，作为服装助理将会被分配到很多与服装设计不相关的工作。主要工作内容有：服装或面料采买及报销；为演员试衣、换装；与服装管理组老师对接；辅助设计师绘画服装效果图；与工厂对接服装制作。服装设计师则主要根据设计总监的要求，承担所有人物的服装设计，并与工厂对接生产制作问题，有时也会与导演直接沟通。设计总监主要负责与导演沟通整体设计风格，工作重点是把控好所有人物的造型设计，其中包括了服装设计和化妆设计两个主要方面。舞台服装设计有时候会与化妆设计合二为一，统称为人物造型设计。这也同时说明，舞台服装设计师在设计服装时，一定要对人物进行整体形象的考虑，包括妆发及饰品等。

作为舞台服装设计师，应学会沉淀自己并虚心积累，为有朝一日成立自己的工作室，并在舞台服装方面独当一面而奋斗。舞台服装设计师不仅要做出优秀的服装设计，同时还经常需要承担起弘扬我国传统文化的重要责任。

5.1.4 优秀剧作、剧院及设计工作室推荐

想要在一部戏剧中独当一面，需要多年的经验积累。工作生活中一定要注重多学习，多看剧。有很多舞美设计方面比较优秀的剧目值得我们观摩学习，比如：《钟楼怪人》《牡丹亭》《狮子王》《茶馆》《哈姆雷特》《歌剧魅影》和《猫》等。

我国比较有名的剧院类工作单位有：北京人民艺术剧院、中国国家话剧院、梅兰芳大剧院、国家大剧院、上海人民艺术剧院、上海歌剧院和中国京剧院等。国外有：巴黎歌剧院、纽约大都会歌剧院和悉尼歌剧院等。在这些大剧院外，小剧场话剧、都市剧展演也有很多比较活跃的，比如近几年比较受欢迎的开心麻花、繁星戏剧村和蓬蒿剧场等。另外戏剧演出会有巡演，比如北京人民艺术剧院的《茶馆》会定期演出并举行世界巡演。而天桥艺术中心，每年都会有多个不同的中外优秀剧团在此演出。

舞台服装工作室相对规模较小，比较优秀的工作室有叶锦添工作室、赖声川戏剧工作室、李六乙戏剧工作室和张叔平工作室等。

5.1.5 效果图经验分享

优秀的舞台服装效果图，应该角色形象饱满，肢体动作恰当，风格准确体现，场景表现适当以及视觉冲击力强。

所谓角色饱满就是人物的性格、神态、身份、地位、人物故事线和服装款式设计都要准确，通过服装设计图可以明确捕捉到角色的特点。每个角色都有自己的气质和性格特点，不止演员要演出来，设计出的服装也要会说话，并通过服装语言为演员的表演增色。舞台服装效果图会涉及很多舞蹈动作或武打动作，在设计图中将演员可能会出现的动作直接表现出来，也是效果图中常见的表达方式，甚至将演员的脸直接画在效果图中也是可以的。

大部分人物在剧中会反复出现，但随着故事发展，角色自身也在发生变化。比如某个人物出场时身份高贵且家境较好，那么在服装设计上就要注重面料材质应体现出"贵气"的特点，花纹或配饰可以稍微复杂一点；后期这个人物因某些事情被抄家或流落街头，则服装面料可以变为粗麻布或其他给人粗糙质感的面料，并去掉配饰，体现出家境的变化。再比如某个人物最开始的故事主线是复仇，那么服装可以用较暗沉的颜色，表现出人物内心情绪压抑的特点；后期这个人物心结解开，决定放弃复仇，心绪趋于平和、正面，那么在服装用色上则可以清爽一些或温柔一点。总之，舞台服装设计不止是在设计一件衣服，更是在塑造一个灵动的人物形象。

一部戏剧或影视剧的所有服装效果图应该在同一种绘画风格中，同时要从效果图中可以看到整部剧的风格，可以体现出导演的部分想法，并且每一个人物的服装特点要在统一基调中个性化。比如恐怖片的服装效果图会给人压抑的感觉，在笔触上或者颜色选择上可以深沉而粗犷；儿童剧则相对欢快童真，线条可以细腻一点，画面给人干净、清爽的感觉。

通常舞台服装效果图都会在人物背后适当添加场景描绘，比如如果是打斗镜头的服装设计，则可以加一些动感的线条或血点烘托气氛；如果是古装戏，可以加一点花朵或者庭院等；如果是盗墓题材，则可以加一些山洞、石头或者草地等。

视觉冲击力会通过以上所有的内容来综合体现，总之不管添加场景还是单纯颜色渲染气氛，都是为了更好地塑造角色，因此如果要添加一系列与服装不相关的元素，必须是建立在人物形象设计恰当的基础上才可以。

![brush stroke heading]

5.2 常见表现技巧分类

Chapter 05中的效果图绘画方法，相较于Chapter 03和Chapter 04中的会稍微厚一些。所谓"厚"体现在：图层设置上会多一些"正常"；细节刻画上更接近"真实"；场景表现上更"丰富"；借用的元素更"多元化"。

下面主要举例几种区别较大的戏剧影视类服装，比如在有明显的朝代感、形象感或具有表演特色的剧目中出现过的服装。这些不同于时装和高级定制服装的感觉，可以更容易让大家感受到"角色"的魅力。在此尽可能地挑选了已经演出过，或已经上映过的且大家耳熟能详的经典戏剧、影视作品中的服装来进行示范。这样可以帮助大家体会人物形象，并感受不同剧种在情绪表达上的区别。前面几章介绍的绘画方法都是以单人形式呈现，而在Chapter 05中我们将大多以双人互动的方式呈现。每个类别最前面的完整稿展示位置，会对形象和服装来源以及构图方式等进行简单的解说。在此呈现的效果图绘画方法仅为个人喜好和风格的展示，不代表所有舞台服装效果图的程式性绘画形式。

5.2.1 古风韵味

本小节主要为大家示范绘画古风感觉或历史朝代剧服装设计图时可运用的绘画方法，此类效果图视觉效果相对细腻，服装纹样清晰，且可适当加入一些有国风元素的背景。服装效果图所画服装为电视剧《大唐荣耀》中沈珍珠所穿的服装❶，将两个不同场次的服装放入同一个画面中，通过前后错落和大小区别体现出一种空间感。服装颜色为较暖的粉色和红色，因此背景选择了与粉红色系为对比色系的绿色系。用较暗的颜色衬托出服装，并在浓烈的对比中体现出大唐特色。由于唐朝的服装花纹较为华丽，因此背景只通过明暗变化来表现，没有选择过多的图案，仅在表面增加了一些有颗粒感的肌理效果，可以让背景显得更有质感。

通常在绘画电影、历史剧或一些较为精细的戏剧服装时，在表现手法上要尽可能细致，每一部分图案都要画清楚，颜色及面料质感要尽量准确。

❶ 服装设计为《大唐荣耀》电视剧团队，本书仅为服装效果图绘画方法教学！

step 01:

- 先用简单的直线画出构图辅助线
- 再用相对简单的线条画出服装大体结构及人物动态
- 绘画电影、电视剧类服装效果图时，人物可以更贴近真实比例，根据人物的形象需要，调整头身比例在7~8头身之间

step 02:

- 按照之前讲解过的方式详细画出前方人物的细节

step 03:

- 按照同样的方式画出后方人物的细节
- 将线稿拖出PS文件中，并置于画面右侧，补画出左侧拖尾

step 04:

- 准备一张同角度角色照片做参考，可将面部以抠图的形式复制粘贴到文档中。此种方式适用于已确定角色的服装设计，如果尚未确定，则可以按照正常的顺序

将五官逐步刻画出来。绘画水平比较高的设计师也可以直接画出人物的五官。

- Mac键盘快捷键按"Command＋T"（Windows键盘按"Ctrl＋T"），将图片调整到需要的大小和角度
- 加入的图片可以通过上方工具栏"图像—调整…"里的"亮度/对比度…""曲线…"及"色相/饱和度…"等进行调整，这样能够让颜色统一且适合后期修改上色

step 05:

- 新建一个图层，设置模式为"正片叠底"，选择画笔"硬圆压力不透明度和流量"，将不透明度设置在60%左右
- 首先根据效果图需要，先对面部大小及细节进行初次调整，后加入适当的明暗关系，让面部图片与其他露出的肌肤颜色的色彩统一，并调整好面部表情及妆面特点

step 06:

- 新建一个图层，设置模式为"正常"，将画笔的不透明度设置在50%左右，用不同的画笔对前方人物面部进行二次细节调整
- 通常先使用较虚笔触的画笔画出底色和整体结构，后用较细、较实笔触的画笔刻画出细节
- 如图中所示，调整好前后人物肌肤部分，让人物形体感更强，且与画面所需效果更融洽

step 07:

- 新建一个图层，设置模式为"正片叠底"，选择画笔"硬圆压力不透明度和流量"，将不透明度设置在60%左右
- 先为画面整体铺色，确定好大面积色块

step 08:

- 在线稿前新建一个图层，设置模式为"正片叠底"，将左侧工具栏中"设置背景色"调整为较深的墨绿色，Mac键盘按"Command＋删除键"（Windows键盘按"Ctrl＋删除键"），为背景铺色
- 选择橡皮擦，用边缘较虚的画笔将不需要背景色的部分擦除干净，把不透明度设置在60%左右
- 选择左侧工具栏中"加深工具"和"减淡工具"，涂抹背景色，进行初次深浅调整

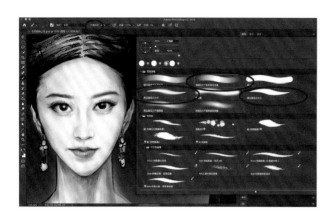

step 09:

- 新建一个图层，设置模式为"正常"，不断调整画笔的不透明度和笔触模式，从面部及其他肌肤位置开始进行细致刻画 绘画时要考虑到服装设计中需要的妆面效果，发际线位置要有虚实变化，弱化靠后的细节

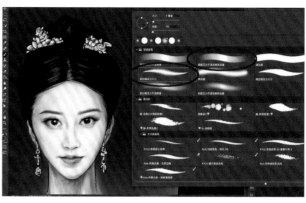

step 11:

- 新建一个图层，设置模式为"正常"，不断调整画笔的不透明度和笔触模式，对头饰进行细节的刻画
- 先用较虚、较大笔触的画笔画出底色，再用较细、较实笔触的画笔画出细节及高光

step 10:

- 新建一个图层，设置模式为"正常"，选择画笔"硬圆压力不透明度和流量"，将不透明度设置在60%左右
- 用黑色及灰绿色画出头发的整体明暗变化
- 受背景色影响，头发反光位置选择灰绿色系，注意即使是边缘也会受到背景色的影响
- 新建一个图层，设置模式为"正常"，选择画笔"柔边圆压力大小"，将不透明度设置在90%左右
- 用较细的线条勾画发丝，颜色选择灰绿色系及黑色
- 在边缘位置勾画出几缕发丝，让头发的边缘显得更自然

step 12:

- 新建一个图层，设置模式为"正常"，选择画笔"硬圆压力不透明度和流量"，将不透明度设置在60%左右
- 用稍深一些的粉色对裙子的暗部进行刻画，在此期间要不停调整颜色的深浅及明度，让结构更自然
- 新建一个图层，设置模式为"正常"，选择画笔"硬圆压力不透明度和流量"，将不透明度设置在60%左右
- 用浅粉色画出裙子的亮面

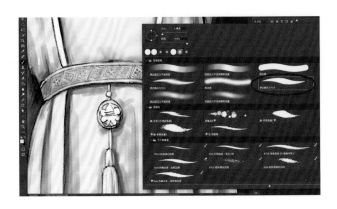

step 13:

- 新建一个图层，设置模式为"正常"，选择画笔"硬圆压力不透明度和流量"，将不透明度设置在60%左右
- 调整胸口装饰带的底色
- 新建一个图层，设置模式为"正常"，选择画笔"柔边圆压力大小"，将不透明度调整为100%，用灰粉色画出图案，靠近暗部的位置颜色较深
- 新建一个图层，设置模式为"正常"，选择画笔"硬边圆压力大小"，将不透明度调整为100%，用浅粉色勾画图案亮部

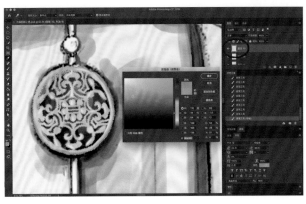

step 15:

- 新建一个图层，设置模式为"正常"，选择画笔"硬边圆压力大小"，将不透明度调整为100%
- Mac键盘按住Command键点击玉佩底色图层，将画好的纹路层作为一个选区
- 用深浅不同的玉色刻画玉佩的暗面及高光

16

step 14:

- 新建一个图层，设置模式为"正片叠底"，选择画笔"硬圆压力不透明度和流量"，将不透明度设置在80%左右
- 用灰紫色画出玉佩底部阴影
- 新建一个图层，设置模式为"正常"，选择画笔"硬边圆压力大小"，将不透明度调整为100%
- 用较浅的玉色画出玉佩的整体纹路

step 16:

- 新建一个图层，设置模式为"正常"，选择画笔"硬圆压力不透明度和流量"，将不透明度设置在60%左右
- 用白色为裙子做整体调色
- 将不透明度调整为100%，用较大的画笔画出裙摆表面淡淡的斜向纹理

step 17:

- 新建一个图层，设置模式为"正常"，用与上文同样的方式详细刻画出肌肤
- 新建一个图层，设置模式为"正常"，选择画笔"硬边圆压力大小"，将不透明度设置在70%左右
- 用正红色画出眉心图案，相对更靠近屏幕的位置红色更深，较远的位置红色较淡

step 18:

- 新建一个图层，设置模式为"正常"，选择画笔"硬圆压力不透明度和流量"，将不透明度设置在60%左右
- 用黑色及灰绿色为头发铺底色
- 新建一个图层，设置模式为"正常"，选择画笔"柔边圆压力大小"，将不透明度设置在90%左右
- 用黑色及灰绿色勾画发丝，注意发丝走向的变化和长度的变化

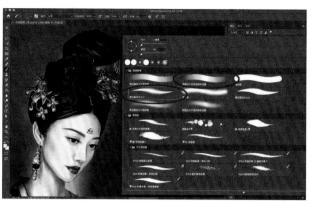

step 19:

- 新建一个图层，设置模式为"正常"，选择画笔"柔边圆压力大小"，将不透明度调整为100%
- 用深浅不同的棕黄色画出饰品较暗的位置
- 新建一个图层，设置模式为"正常"，选择画笔"硬圆压力不透明度和流量"及"柔边圆压力大小"，不透明度调整为100%，用较浅的带有金属感的颜色画出饰品亮面，并用线条勾画出图案
- 新建一个图层，设置模式为"正常"，选择画笔"硬圆压力不透明度和流量"，将不透明度调整为100%，用白色提亮高光。靠前的位置高光较多，较远的饰品以暗面为主

step 20:

- 新建一个图层，设置模式为"正常"，选择画笔"硬圆压力不透明度和流量"及"柔边圆压力大小"，将不透明度调整为100%。用正红色画出花瓣的亮面
- 新建一个图层，设置模式为"正常"，选择画笔"柔边圆压力不透明度"，将不透明度调整为100%，用深红色画出花朵较深的位置，与亮面自然衔接

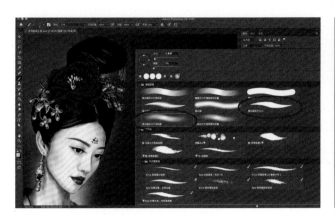

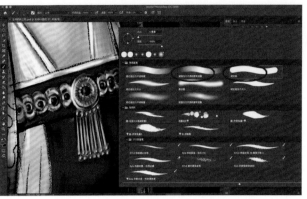

step 21:

- 新建一个图层，设置模式为"正常"，选择画笔"柔边圆压力不透明度"，将不透明度调整为100%
- 用明黄色画出较虚的花蕊
- 更换画笔为"硬边圆压力大小"，用较细的线条点缀出几根较实的花蕊

step 23:

- 新建一个图层，设置模式为"正常"，选择画笔"硬圆压力不透明度和流量"，将不透明度调整为100%，用深浅不同的灰色画出银饰底色的大体明暗
- 调整画笔为"硬边圆"，用红色画出中心的圆形
- 新建一个图层，设置模式为"正常"，选择画笔"硬圆压力不透明度和流量"，将不透明度调整为100%
- 用更深的灰色及白色画出明暗，用同样的笔触顺序画出绿色装饰

22

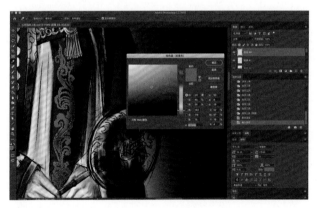

step 22:

- 新建一个图层，设置模式为"正常"，选择画笔"硬圆压力不透明度和流量"，将不透明度调整为100%
- 用深浅不同的红色画出服装中红色部分的明暗，并简单表现出花边位置底色的明暗变化
- 用较浅、较细的浅粉色提亮褶皱部分的高光

step 24:

- 新建一个图层，设置模式为"正常"，选择画笔"柔边圆压力不透明度"，将不透明度调整为100%
- 用刺绣部分的中间色画出刺绣图案的底色
- Mac键盘按住Command键点击图案图层，将图案作为选区，用左侧工具栏中加深工具加深图案的暗部

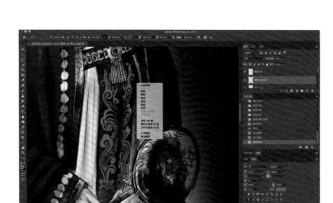

step 25:

- 复制图案，Mac键盘按"Command＋T"对复制图案进行调整，水平翻转，并调整细节形状，形成透视

step 26:

- 用同样的方式画完全部图案

step 27:

- 新建一个图层，设置模式为"正常"，选择画笔"柔边圆压力不透明度"，将不透明度调整为100%
- 用较浅的带有金属感的颜色提亮图案的反光

step 28:

- 新建一个图层，设置模式为"正常"，选择画笔"硬边圆压力大小"，将不透明度调整为100%
- 用与前文同样的方式画出肩部的刺绣图案
- 适当擦掉褶皱内的图案，让图案更贴合结构

step 29:

- 用同样的方式画出袍子边缘的白色图案，以循环图案的方式进行绘画。将画好的一组图案进行复制粘贴，并根据服装的结构不断调整每组复制图案的方向及大小还有形状，边缘装饰图案完成效果如图
- 图案完成后，在图案底层适当加深个别位置的底布颜色
- 新建图层，选择图层模式为"正片叠底"，用偏黄的灰色加深边缘暗面，让边缘更贴合人体的转折和服装的结构

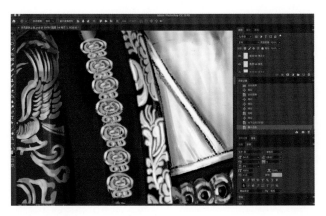

step 30:

- 用同样的方式画出银色的装饰图案，以循环的方式进行复制粘贴，画出服装中所有银色装饰

step 31:

- 新建一个图层，设置图层模式为"正片叠底"，用偏红的灰色对铺好的所有图案进行明暗整理

step 32:

- 新建一个图层，设置模式为"正常"，选择画笔"硬圆压力不透明度和流量"，将不透明度调整为100%。用深浅不同的深棕色和带有金属感的颜色画出扇柄部底色和圆形边框的颜色
- 新建一个图层，调整画笔为"硬边圆压力大小"，将不透明度调整为100%，用较深的豆沙粉色画出扇面图案的底色
- 也可选择用钢笔勾出图案区域，并进行填色的形式来铺底色

step 33:

- 加深扇面底色图案的个别位置
- 新建一个图层，设置模式为"正常"，选择画笔"硬边圆压力大小"，将不透明度调整为100%
- 用深红色勾画出扇面图案上的深色花纹

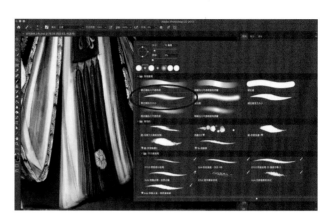

step 34:

- 新建一个图层，设置模式为"正常"，选择画笔"柔边圆压力大小"，将不透明度调整为100%
- 用深浅不同的红色画出穗子的细节

step 35:

- 新建一个图层，设置模式为"正常"，选择画笔"硬圆压力不透明度和流量"，将不透明度调整为100%
- 用深浅不同的灰色画出裙摆底部装饰部分的底色
- 调整画笔为"柔边圆压力大小"，用白色和深灰色强调出明暗

step 36:

- 在完成着色后，可以再一次对整体构图进行调整
- 选择用钢笔或套索工具，将需要调整的位置抠出，再进行局部大小和位置的调整，随后进行对整体明暗关系的调整

step 37:

- 选择一种有粗糙纹理的笔触，对背景色进行调整，加深个别的位置，并塑造一种有质感的背景

5.2.2 用舞蹈动作体现面料特性

  在绘画舞剧或晚会等服装效果图时，效果图中人物的肢体动态以能表现出舞蹈类别的姿态为主。肢体动作相对较夸张，常常借用实际舞种中可能出现的舞蹈动作作为效果图的人物动作。比如芭蕾舞剧会画芭蕾舞中的舞蹈姿态、民族舞剧会画民族舞蹈中可能出现的动作。这样可以让服装效果图直观地体现出在舞蹈过程中服装可能呈现出的状态，更易于直观表现出面料、款式及表演的特性。这种类别的舞剧不像电影或电视剧有近距离的拍摄镜头或者其他特殊的需求，因此在画面表现上更注重整体的舞台效果，在效果图精细度上也不如电影的要求高。

  本小节示范的是芭蕾舞剧《天鹅湖》中舞蹈演员的服装❶。画面近景为主跳人物及其服装，因此绘画效果相对细致。远景采用较虚的画法绘画出群舞的人物及其服装，以复制粘贴的形式呈现出群舞的特点，这种绘画方式很适合于舞台群舞类演出服装设计的效果图。《天鹅湖》的主色调为蓝白色系，因此效果图也以蓝白色为主色调进行表现。主跳脚下加一些反光投影，可以传达出一些湖面的感觉，让背景呈现一种更通透的视觉效果。

---

❶ 所绘服装设计版权为《天鹅湖》所有，此书仅为效果图绘画方法教学。

step 01:

- 先用直线确定前方人物的整体外边缘形状
- 再用简洁的线条简单表现出人体的大动态和服装结构

step 02:

- 按照之前讲解过的方式，详细画出各部分的细节

step 03:

- 用同样的绘画顺序和简洁的线条刻画出群舞服装的大体结构

step 04:

- 由于后方群演仅为背景衬托，因此在铅笔线稿的结构表现上可稍微简化，不必过于详细

step 05:

- 将两张线稿用钢笔抠图的形式抠出，并拖入新的PS文件中
- 调整两张效果图的大小，并摆放于适当的位置

step 06:

- 在效果图下面新建一个图层，为背景着上深蓝色
- 用较大、较虚笔触的画笔，和较小的透明度，将背景稍做明暗变化

step 07:

- 隐藏前方效果图线稿，将后方人物整体铺色
- Mac键盘按住Command键，点击背景线稿图层，将线稿变为选区
- 新建一个图层，设置模式为"正片叠底"，选择画笔"硬圆压力不透明度和流量"，将不透明度设置在60%左右，用灰紫色画出大体的明暗关系
- 颜色图层选用正片叠底的形式，透出线稿

step 08:

- 将前方线稿图层设置为可见图层
- 新建一个图层，设置模式为"正常"，选择画笔"硬圆压力不透明度和流量"，将不透明度设置在60%左右，用灰色画出大体的明暗关系

step 09:

- 新建一个图层，设置模式为"正常"，选择画笔"硬圆压力不透明度和流量"，将不透明度设置在60%左右
- 用深浅不同的肉色画出人物肌肤

step 10:

- 新建一个图层，设置模式为"正常"，选择画笔"硬圆压力不透明度和流量"，将不透明度设置在60%左右
- 详细画出五官细节
- 新建一个图层，设置模式为"正常"，用深咖色和黑色画出头发的底色
- 调整画笔为"柔边圆压力大小"，用灰蓝色和黑色勾画出一些发丝

step 11:

- 新建一个图层，设置模式为"正片叠底"，选择画笔"硬圆压力不透明度和流量"，将不透明度设置在60%左右
- 用灰色和灰蓝色画出前方主跳人物芭蕾舞服装的暗面

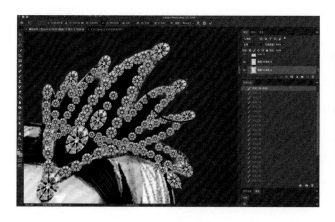

step 12:

- 选取一张钻饰图片，将图片抠出后拖入效果图文档中，用复制粘贴的形式将头顶水钻饰品排成需要的图案
- 随时调整大小和方向，并合并所有复制好的钻饰图片

step 13:

- Mac键盘按住Command键点击头饰图层（Windows键盘按住Ctrl键），将头饰作为选区
- 点击上方工具栏中"编辑—描边…"，选择深灰色，设置一个需要的像素宽度，为头饰描边

step 14:

- 新建一个图层，设置模式为"正常"，选择画笔"硬圆压力不透明度和流量"，将不透明度调整为100%
- 用白色提亮饰品较亮的位置
- 调整画笔为"柔边圆压力大小"，用白色画出十字闪光

step 15:

- 新建一个图层，设置模式为"正常"，选择画笔"硬圆压力不透明度和流量"，将不透明度调整为60%
- 继续深入刻画芭蕾舞裙，先用较深的蓝灰色加强褶皱感，再与背景色做适当融合
- 调整不透明度为100%，用白色为裙摆整体调色，整合亮面
- 调整画笔为"柔边圆压力大小"，用较细的白色线条勾画裙摆褶皱和肩带
- 选择画笔"硬圆压力不透明度和流量"，用灰色画出人物头部及身上羽毛的暗部

step 16:

- 新建一个图层，设置模式为"正常"，选择画笔"硬圆压力不透明度和流量"，将不透明度调整为100%
- 用较小笔触的画笔画出羽毛白色部分
- 调整画笔的笔触为"柔边圆压力大小"，用较细的笔触，画出一根根羽毛

step 17:

- 用与头饰相同的方式铺好裙子上的钻饰装饰，并适当调整对比度和颜色
- 新建一个图层，设置模式为"正常"，选择画笔"硬圆压力不透明度和流量"，将不透明度调整为100%
- 用白色提亮装饰较亮的位置
- 调整画笔模式为"柔边圆压力大小"，用白色画出十字闪光

step 18:

- 新建一个图层，设置模式为"正常"，选择画笔"硬圆压力不透明度和流量"，将不透明度调整为100%
- 用裸粉色画出袜子隐约露出的腿部颜色及舞蹈鞋的底色
- 用更深的裸粉色及更浅的裸粉色强调舞蹈鞋的明暗关系
- 在腿部及舞蹈鞋偏侧面的位置点缀一些蓝灰色反光面，让立体感更强

step 19:

- 在背景层上面新建一个图层，设置模式为"正常"，选择一种有颗粒感的画笔，将不透明度设置在60%左右
- 用背景中较深的蓝色画出人物投影，然后用黑色在脚尖正下方强调一下投影，最后淡淡画出一些舞蹈鞋的投影

step 20:

- 在群舞图层上面新建一个图层，设置模式为"正常"，选择画笔"硬圆压力不透明度和流量"，将不透明度调整为100%
- 用裸粉色及背景中出现的蓝色为人物简单涂抹一些环境色和阴影，大致表现出结构即可

step 21:

- 将群舞的所有图层合并后调整到最终位置，通过复制粘贴，装饰到背景中
- 越远处的位置，人物越小，图层透明度越高
- 最靠前的人物图层在最上方，以此类推
- 在所有群舞图层下方新建一个图层，用有颗粒感的装饰画笔画出群舞人物下方的阴影

5.2.3　生旦净末丑

　　本小节主要介绍的是戏曲服装效果图的绘画技巧。效果图中的服装参考电影《霸王别姬》中，由张国荣饰演的程蝶衣角色所穿服装❶。通常在绘画戏曲服装效果图时，在人物动态方面都会选择对应行当在表演过程中经常出现的动作。戏曲表演与其他表演有一个区别，就是"生、旦、净、末、丑"都有自己严格的衣装制度和动作特点，在进行服装设计及效果图绘画的时候，遵守这些传统规则是一项基本要求。在这个方面不太了解或想进一步学习的新手设计师，推荐参考书籍有：《中国京剧服装图谱》《中国戏服》和《中国京剧服装纹样选粹》。戏曲服装中的刺绣图案较多，颜色也较为鲜艳，图案都有程式化的配色方案，在这些书籍中会得到许多启发。即便是在现在新编的戏曲中的服装，也是建立在这些传统规则之上再进行改变的，因此想要做戏曲服装设计的设计师，一定要先学习戏曲衣箱相关的知识。

　　在本小节的服装效果图中前方绘画的是程蝶衣在戏台下的着装效果，后方绘画的为戏曲《霸王别姬》中虞姬的造型。两个人物均采用戏曲人物动态，都是虞姬常用的表演动作。画面中的服装，一简一繁，背景采用带有历史感的枯叶黄色，烘托出人物的悲凉感和故事发生的时代氛围。由于戏曲服装较为复杂，因此背景用简洁的明暗变化即可。

---

❶ 服装设计为《霸王别姬》电影原创，本书仅以此作为素材进行效果图绘画方法教学。

step 01:

- 绘画戏曲类服装效果图时，也不宜把人物画得过长，可以根据演员的高度调整头部占比
- 先用简单的线条画出人体大动态，再进一步用简洁的线条画出人体更细致的动态及服装结构

step 02:

- 详细画出各部分结构
- 图案简单表现即可，也可以选择先空出不画

step 03:

- 用同样的方式画出前方人物的细节

step 04:

- 将线稿拉入PS软件中
- 如图中所示，将张国荣的线稿图层置于虞姬的图层之上，形成简单的遮挡关系

step 05:

- 在所有线稿下面新建一个图层，将之设置为背景色图层
- 为整体着枯叶黄色，并做简单的明暗变化

step 06:

- 将张国荣图层设置为不可见，先开始为后方的虞姬着色
- 新建一个图层，设置模式为"正片叠底"，选择画笔"硬圆压力不透明度和流量"，将不透明度设置在60%左右，用灰紫色画出整体的明暗关系

step 07:

- 新建一个图层，设置模式为"正片叠底"，选择画笔"硬圆压力不透明度和流量"，将不透明度设置在60%左右，用深浅不同的肉色为肌肤铺底色
- 由于戏曲人物面部有底妆，因此面部颜色较浅
- 新建一个图层，设置模式为"正片叠底"，选择画笔"硬圆压力不透明度和流量"，将不透明度设置在30%左右
- 选择边缘较为虚化笔触的画笔，例如"柔边圆压力不透明度"，用桃红色画出眼部的红色底妆

step 08:

- 新建一个图层，设置模式为"正常"，选择画笔"硬圆压力不透明度和流量"，将不透明度设置在80%左右
- 用黑色及深浅不同的大红色，先画出眼睛、眉毛及嘴唇的结构
- 后调整画笔为"柔边圆压力大小"，进行对细节的刻画
- 新建一个图层，设置模式为"正片叠底"
- 用黑色画出头发，并更换画笔勾画发丝

step 09:

- 新建一个图层，设置模式为"正常"，选择画笔"硬边圆"，将不透明度调整为100%
- 用灰色、蓝色和正红色铺上额头上方头饰的底色
- 调整画笔为"硬圆压力不透明度和流量"，刻画出每个饰品的明暗

step 10:

- 新建一个图层，设置模式为"正片叠底"，选择画笔"硬圆压力不透明度和流量"，将不透明度调整为100%
- 用明黄色铺上如意冠的底色，并简单表现明暗关系
- 新建一个图层，设置模式为"正常"，选择画笔"硬边圆"，将不透明度调整为100%
- 用白色、灰色、红色、蓝色及绿色铺上装饰珠子的底色
- 调整画笔为"硬圆压力不透明度和流量"，强调出装饰珠的高光及暗部

step 11:

- 新建一个图层，设置模式为"正片叠底"，选择画笔"硬圆压力不透明度和流量"，将不透明度调整为100%
- 用嫩绿色、灰色和红色铺上耳朵两侧发饰的底色
- 新建一个图层，设置模式为"正常"，选择画笔"柔边圆压力大小"，将不透明度调整为100%
- 画出发饰亮面的细节

step 12:

- 新建一个图层，设置模式为"正片叠底"，选择画笔"硬圆压力不透明度和流量"，将不透明度调整为100%
- 用深浅不同的黄色铺上斗篷及黄色上衣的底色
- 新建一个图层，设置模式为"正常"，选择画笔"硬圆压力不透明度和流量"，将不透明度调整为100%
- 进一步刻画出斗篷及上衣的细节，让立体感更强

step 13:

- 新建一个图层，设置模式为"正常"，选择画笔"硬圆压力不透明度和流量"，将不透明度设置在80%，画出服装上凤凰图案的底色
- 新建一个图层，设置模式为"正常"，选择画笔"柔边圆压力大小"，将不透明度调整为100%，用带有金属感的颜色勾画图案边缘
- 新建一个图层，设置模式为"正常"，选择画笔"硬圆压力不透明度和流量"，将不透明度设置在50%左右
- 用深浅不同的黄色在图案表面需要的位置着色，让图案更贴合褶皱的起伏

step 14:

- 新建一个图层，设置模式为"正片叠底"，选择画笔"硬圆压力不透明度和流量"，将不透明度调整为100%
- 用深浅不同的红色画出虎头鱼鳞甲的肩甲和裙甲的底色
- 新建一个图层，设置模式为"正常"，选择画笔"硬圆压力不透明度和流量"，将不透明度调整为100%
- 用正红色再次提亮铠甲的亮部

step 15:

- 新建一个图层，设置模式为"正常"，将不透明度调整为100%
- 选择一种较实的画笔，用带有金属感的颜色画出鱼鳞甲上的图案
- 也可选用钢笔勾出图案形状，后从选区填色的方式画出一片鱼鳞，再用复制粘贴的形式对整片鱼鳞纹进行绘画
- 将所有金属色区域绘画完成后，Mac键盘按住Command键点击图案图层，将图案变为选区（Windows键盘按住Ctrl键）
- 用带有金属感的较深的颜色画出图案较暗的位置

step 16:

- 新建一个图层，设置模式为"正常"，选择画笔"硬圆压力不透明度和流量"，将不透明度调整为100%
- 按住选区不变，画出金色图案的亮部
- 新建一个图层，设置模式为"正常"，选择画笔"硬圆压力不透明度和流量"，将不透明度调整为100%
- 用深浅不同的带有金属感的颜色画出身上金属配件的细节，并逐步强调出它们的明暗

step 17:

- 新建一个图层，设置模式为"正常"，选择画笔"硬圆压力不透明度和流量"，将不透明度设置在80%左右
- 用上色常用顺序画出裙甲上的虎头
- 虎头面部亮光材质位置，可以选用有点状装饰笔触的画笔，进行高光及暗部的装饰性绘画

step 19:

- 新建一个图层，设置模式为"正片叠底"，选择画笔"硬圆压力不透明度和流量"，将不透明度设置在80%左右
- 画出斗篷边缘图案底色
- 新建一个图层，设置模式为"正常"，选择画笔"柔边圆压力大小"，将不透明度调整为100%
- 用带有金属感的颜色勾画图案外边缘

step 18:

- 新建一个图层，设置模式为"正片叠底"，选择画笔"硬圆压力不透明度和流量"，将不透明度设置在80%左右
- 用深浅不同的蓝色画出斗篷边缘的底色，用深浅不同的灰绿色画出斗篷里子的底色
- 新建一个图层，设置模式为"正常"，选择画笔"硬圆压力不透明度和流量"，将不透明度调整为100%
- 进一步刻画出斗篷里层的明暗关系

step 20:

- 新建一个图层，设置模式为"正片叠底"，选择画笔"硬圆压力不透明度和流量"，将不透明度设置在70%左右
- 用深蓝色在图案上做明暗调整，让图案更符合斗篷的起伏和转折

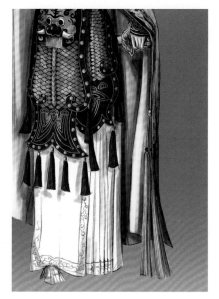

step 21:

- 新建一个图层，设置模式为"正片叠底"，选择画笔"硬圆压力不透明度和流量"，将不透明度调整为100%
- 用深浅不同的黄色画出佩剑及流苏的底色
- 新建一个图层，设置模式为"正常"，选择画笔"柔边圆压力大小"，将不透明度调整为100%
- 强调佩剑的明暗关系，并勾画出图案和流苏细节

step 22:

- 新建一个图层，设置模式为"正常"，选择画笔"柔边圆压力大小"，将不透明度调整为100%
- 用天蓝、宝蓝、浅橘色及橘红色画出马面百褶裙边缘的刺绣图案
- 用带有金属感的颜色为所有图案勾边

step 23:

- 新建一个图层，设置模式为"正常"，选择画笔"柔边圆压力大小"，或其他适合绘画图案的画笔，将不透明度调整为100%，画出马面上的刺绣图案
- 也可以选择用钢笔勾线的形式勾出图案的形状，用填色的方式为图案着色，最后用带有金属感的颜色为图案勾边

step 24:

- 新建一个图层，设置模式为"正片叠底"，选择画笔"硬圆压力不透明度和流量"，将不透明度调整为100%，用偏暖和偏冷的灰色调整马面百褶裙整体的明暗关系
- 新建一个图层，用深浅不同的桃粉色画出鞋头的流苏
- 新建一个图层，设置模式为"正常"，选择画笔"柔边圆压力大小"，或其他适合绘画图案的画笔，将不透明度调整为100%，用深浅不同的粉色勾画出流苏的细节

step 25:

- 在背景层上面新建一个图层，设置模式为"正片叠底"，选择一种装饰画笔，将不透明度设置在50%
- 用较深的枯叶黄调整背景颜色，衬托出人物

step 26:

- 挑选一张所需角色的照片，用钢笔抠图的形式将脸部抠出，并复制到设计图文档中，调整图片大小和角度，将其放置到合适的位置
- 新建一个图层，设置模式为"正常"，在图片的基础上对面部表情及发型做初步修改，调整成需要的表情
- 新建一个图层，设置模式为"正片叠底"，选择画笔"硬圆压力不透明度和流量"，将不透明度设置在60%，为肌肤整体铺上底色，让手与脸部尽可能融洽

step 27:

- 新建一个图层，设置模式为"正片叠底"，选择画笔"硬圆压力不透明度和流量"，将不透明度设置在60%

- 用偏棕的灰色画出服装暗部，初步塑造立体感

step 28:

- 新建一个图层，设置模式为"正片叠底"，选择画笔"硬圆压力不透明度和流量"，将不透明度调整为100%
- 用灰色为服装铺底色，用黑色画出鞋的底色

step 29:

- 新建一个图层，设置模式为"正片叠底"，选择画笔"硬圆压力不透明度和流量"与"柔边圆压力大小"，将不透明度调整为100%
- 对面部进行细节刻画

step 30:

- 新建一个图层，设置模式为"正常"，选择画笔"硬圆压力不透明度和流量"，将不透明度调整为100%，用脸部的颜色铺好手部底色

- Mac键盘按住Option键点击需要吸取的颜色，方便做颜色切换（Windows键盘按住Alt键）

- 新建一个图层，选择画笔"硬圆压力不透明度和流量"与"柔边圆压力大小"，进一步刻画手部细节，适当用白色提亮边缘，强调结构

step 31:

- 新建一个图层，设置模式为"正常"，选择画笔"硬圆压力不透明度和流量"与"柔边圆压力大小"，将不透明度设置在60%～100%之间

- 用深浅不同的灰色画出服装结构，适当在暗部加入暖灰，靠近背景色

step 32:

- 新建一个图层，设置模式为"正常"，选择画笔"硬圆压力不透明度和流量"，将不透明度设置在60%左右

- 用深棕色、黑色和冷灰色塑造头发的立体感

- 新建一个图层，设置模式为"正常"，选择画笔"柔边圆压力大小"，将不透明度调整为100%

- 用黑色及冷灰色画出发丝

step 33:

- 新建一个图层，设置模式为"正片叠底"，选择画笔"硬圆压力不透明度和流量"，将不透明度调整为100%

- 用灰黄色及深棕色画出扇子的底色

step 34:

- 新建一个图层，设置模式为"正常"，选择画笔"硬圆压力不透明度和流量"与"柔边圆压力大小"，将不透明度设置在60%～100%之间，详细画出扇子的细节

- 在前方人物线稿下面新建一个图层，选择装饰画笔，对整个画面的明暗做调整

5.2.4 似人非人

　　所谓"似人非人"指的是"人拟物"的情况，其中"物"包含了物体或动物等非人类的事物。这种现象常见于木偶戏、神话剧和异型装等，演员从穿着到表演动作，再到发声感觉，都在尽可能模仿一种特定的形象的情况。在绘画这类服装效果图时，动作姿态也要体现出所要模仿形象的特点。比较有名的戏剧可以参考《狮子王》和《猫》，下面我们就以歌舞剧《猫》为例子，讲解这类服装效果图的绘画过程。❶

　　《猫》是人模仿猫的歌舞剧，因此在动态选择上我们可以先寻找像"猫"的姿态，然后再将服装套入其中。剧中服装设计多以弹力氨纶搭配毛质感面料来制作，因此服装较为贴身，也更能体现出肌肤的起伏，那么在前期就要画好人体结构。效果图中绘画的是剧中两位饰演猫的演员的服装，在构图上选择一高一低，可以让画面动态感更强。背景选择月亮背景，可以体现出故事表演的舞台情景。在人物周边简单表现一些发光的效果，可以让"正在被月光照射"的感觉更强。

---

❶ 设计版权归《猫》所有。本书仅以此为素材进行效果图绘画方法教学。

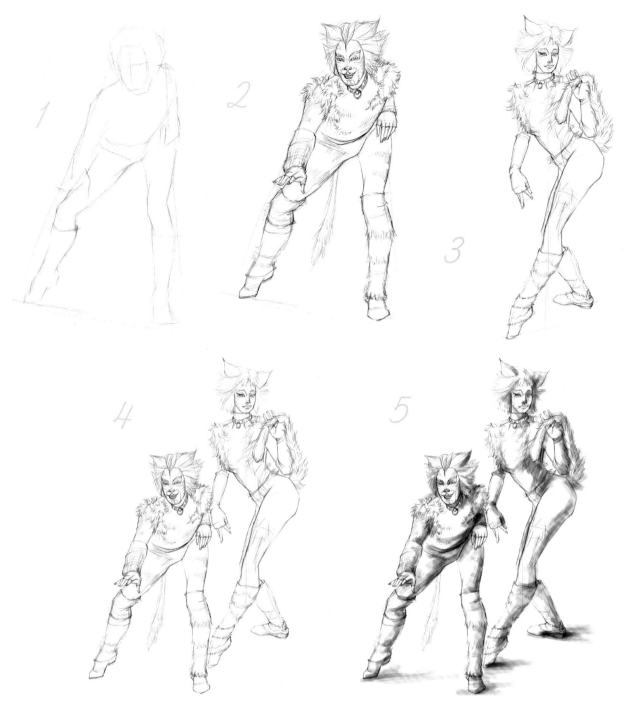

step 01:

- 先用简单的直线确认人物大概轮廓
- 后用简单的线条表现出人体动态

step 02:

- 详细画出各部分细节

step 03:

- 用同样的方式画出另一人物的线稿

step 04:

- 将线稿拖入PS文件中
- 调整到合适的大小和角度，如图中所示

step 05:

- 新建一个图层，设置模式为"正片叠底"，选择画笔
  "硬圆压力不透明度和流量"，将不透明度设置在
  60%左右，用灰紫色画出大体的明暗关系

step 06:

- 新建一个图层，设置模式为"正片叠底"，选择画笔"硬圆压力不透明度和流量"，将不透明度设置在60%左右，用深浅不同的肉色先刻画前方人物的肌肤

step 07:

- 新建一个图层，设置模式为"正常"，选择画笔"硬圆压力不透明度和流量"，将不透明度设置在90%左右
- 先详细刻画出面部

step 08:

- 新建一个图层，设置模式为"正片叠底"，选择画笔"硬圆压力不透明度和流量"，将不透明度设置在60%左右
- 为人物整体简单铺色，画出各部分的底色

step 09:

- 新建一个图层，设置模式为"正片叠底"，选择画笔"硬圆压力不透明度和流量"，将不透明度设置在60%左右，再一次从整体强调头部毛发的体积感
- 新建一个图层，设置模式为"正常"，选择画笔"柔边圆压力大小"，将不透明度选择100%
- 用黑色、灰色、较浅的灰蓝色和白色仔细刻画头部毛发

step 10:

- 新建一个图层，设置模式为"正常"，选择画笔"硬圆压力不透明度和流量"，将不透明度设置在90%左右，先刻画出颈部饰品底色和大体明暗
- 新建一个图层，设置模式为"正常"，选择画笔"柔边圆压力大小"，将不透明度选择100%，进一步详细刻画出饰品的细节

step 11:

- 新建一个图层，设置模式为"正常"，将画笔的不透明度设置在90%左右
- 选择一种适合画实体线条的画笔，用黑色画出贴身服装上的线条装饰

step 12:

- 新建一个图层，设置模式为"正常"，选择一种类似毛质感的画笔，将不透明度设置在90%左右，用黑色画出身上的毛
- 新建一个图层，将不透明度调整为100%，用白色及灰蓝色画出浅色皮毛
- 更换较细的画笔，用黑色及白色勾画一些较细的毛，身后的尾巴不必过于详细的刻画

step 13:

- 新建一个图层，设置模式为"正片叠底"，选择画笔"硬圆压力不透明度和流量"，将不透明度设置在60%左右，用深浅不同的肉色先刻画出后方人物肌肤
- 新建一个图层，设置模式为"正常"，不透明度调整为90%左右，详细刻画面部

step 14:

- 新建一个图层，设置模式为"正片叠底"，选择画笔"硬圆压力不透明度和流量"，将不透明度设置在60%左右
- 用黄色系及橘色系画出身上个别位置颜色，用较深的黑色、灰色和棕色画出较暗位置皮毛底色

step 15:

- 新建一个图层，设置模式为"正常"，选择画笔"柔边圆压力大小"，将不透明度设置在100%
- 用较细的笔触仔细勾画出头部毛发，并在最后用较大的笔触调整整体毛色

step 16:

- 新建一个图层，设置模式为"正常"，选择画笔"硬圆压力不透明度和流量"，将不透明度调整为90%
- 画出颈部饰品的底色
- 新建一个图层，设置模式为"正常"，选择画笔"柔边圆压力大小"，将不透明度设置在100%
- 进一步详细画出饰品的细节

step 17:

- 新建一个图层，设置模式为"正常"，画笔不透明度设置为90%
- 选择一种适合画实体线条笔触的画笔，用黑色画出贴身服装上的线条装饰

step 18:

- 新建一个图层，设置模式为"正常"，选择一种类似毛质感的画笔，将不透明度调整为100%
- 用深橘色及黑色画出肩部及腰部的皮毛

step 19:

- 新建一个图层，设置模式为"正常"，选择一种适合画细节毛发的画笔，将不透明度调整为100%
- 用深浅不同的灰色和黑色画出尾巴的细节

step 20:

- 新建一个图层，设置模式为"正常"，选择一种适合画细节毛发的画笔，将不透明度调整为100%
- 用黑色及灰黄色详细画出腿部皮毛的细节

21

22

step 21:

- 在最底层新建一个图层，调整模式为"正片叠底"
- 用浅灰色整体铺色
- 调整一种边缘较为虚化的画笔，类似"柔边圆压力不透明度"，将不透明度设置在20%左右，用较深的灰蓝色对背景做整体调整

step 22:

- 在背景层上面新建一个图层，设置模式为"正常"
- 点击左侧工具栏中"椭圆选框工具"，Mac键盘按住向上箭头键，在画面中框出一个正圆选区（Windows键盘按住Shift键）
- 将左侧工具栏中"设置背景色"调整为浅黄色，Mac键盘按"Command＋删除键"为选区着色（Windows键

盘按"Ctrl＋删除键"），调整图层不透明度至半透明状态
- 在背景层上面新建一个图层，设置模式为"正片叠底"，选择画笔"柔边圆压力不透明度"，用灰色画出月亮上的纹路
- 调整画笔为"硬圆压力不透明度和流量"，将局部纹路清晰化

step 23:

- 新建一个图层，调整模式为"正常"，选择散点式画笔，将不透明度设置在30%左右，用白色不规则点状装饰进行一些点缀
- 新建一个图层，调整模式为"正常"，用较虚笔触的画笔在人物周边用白色画一些虚化的光

5.2.5 用动作和情绪代替声音

　　在音乐剧中，演员的表演通常以歌唱为主，会有很多抬手深情歌唱的动作，在绘画服装效果图时可以借用这类动作作为人物的动态来进行绘画。一般音乐剧的场景或给人的感受都相对比较震撼，在服装效果图中可以将场景更多地融入进去，营造一种空间较为宏大的视觉效果。类似这种表现方式，也可以运用到哑剧或场景设计比较讲究的服装效果图中。

　　本小节示范的为音乐剧《歌剧魅影》❶中男主和女主的服装。背景为较昏暗的场景，在烟雾中隐约可见一些烛光，同样也是在表演中出现过的场景。由于我们主要绘画的还是以服装为主的效果图，因此在场景表现上不宜过于清晰，点到为止，营造出气氛即可。

---

❶ 设计版权归《歌剧魅影》所有。本书仅以此为素材进行效果图绘画方法教学。

step 01:

- 用简洁的线条画出人体动态
- 画人物时可以略微胖一点，不宜过于消瘦

step 02:

- 详细画出各部分细节
- 蕾丝图案简单表现即可

step 03:

- 用同样的方式画出另一人物线稿

step 04:

- 用钢笔抠图工具将两张线稿抠出，拖入新的文档中
- 调整线稿大小及位置，将男演员的线稿置于女演员的线稿后方

step 05:

- 在最下方新建一个图层，调整模式为"正片叠底"
- 为整个图层着上纯黑色
- 选择一种较虚的画笔，将不透明度设置在30%左右，用深蓝色在黑色背景上加一些蓝色光感，初步营造出服装效果图所处的环境

step 06:

- 新建一个图层，设置模式为"正片叠底"，选择画笔"硬圆压力不透明度和流量"，将不透明度设置在60%左右
- 用深灰色表现出两个人物的明暗关系

step 07:

- 新建一个图层，设置模式为"正片叠底"，选择画笔"硬圆压力不透明度和流量"，将不透明度设置在60%左右
- 用深浅不同的肉色画出两个人物的肌肤底色，男演员的肤色略重于女演员的肤色

step 08:

- 新建一个图层，设置模式为"正常"，选择画笔"硬圆压力不透明度和流量"，将不透明度设置在60%左右
- 仔细刻画女演员的肌肤

step 09:

- 新建一个图层，设置模式为"正片叠底"，选择画笔"硬圆压力不透明度和流量"，将不透明度设置在60%左右
- 用深棕色画出头发的底色
- 新建一个图层，设置模式为"正常"，选择画笔"硬圆压力不透明度和流量"与"柔边圆压力不透明度"，将不透明度设置在80%左右
- 用深浅不同的棕色刻画出头发的细节

step 10:

- 新建一个图层，设置模式为"正片叠底"，选择画笔"硬圆压力不透明度和流量"，将不透明度设置在60%左右
- 用暖灰色加强裙子暗面

step 11:

- 寻找一张较为清晰的蕾丝图片，点击上方工具栏"选择—色彩范围"，通过调整色彩容差，删掉背景色，将蕾丝花纹抠出
- 也可以通过直接用画笔绘画蕾丝花纹的形式，在效果图上进行细致刻画

step 12:

- 将抠好的蕾丝图案拖入效果图文档，选择上方工具栏"图像—调整"里的功能改变蕾丝整体的颜色，在此直接选择"反相"变成白色

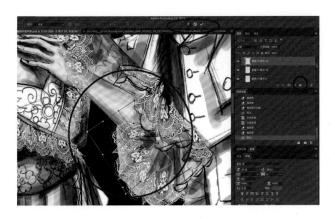

step 13:

- 将调整好颜色的蕾丝图片通过不断复制粘贴、调整大小和方向的形式，铺在裙子需要蕾丝花边的位置
- 适当情况下可以点击上方工具栏中"在自由变换和变形模式之间切换"，对图片进行细节调整，适当扭曲到合适的角度

step 14:

- 将所有蕾丝布好后，Mac键盘点击第一张蕾丝图片的图层，再按住键盘上向上箭头点击最后一张蕾丝图片的图层（Windows键盘按住Shift键），按快捷键组合"Command＋Shift＋E"拼合所有蕾丝图片图层（Windows键盘按"Ctrl＋Shift＋E"）
- Mac键盘按住Command键点击蕾丝图层，将蕾丝设为选区（Windows键盘按住Ctrl键）
- 点击上方工具栏"编辑—描边"，将所有蕾丝描一层白边（此方法适用于，蕾丝图案不明显，或太细的情况）

step 15:

- 选择左侧工具栏中"橡皮擦工具"，将褶皱里的蕾丝适当擦掉一些，让蕾丝的起伏感更强
- 新建一个图层，设置模式为"正常"，选择画笔"硬圆压力不透明度和流量"与"柔边圆压力不透明度"，将不透明度设置在80%左右，用白色调整整个花边的亮部，让白色部分成为一个整体

step 16:

- 新建一个图层，设置模式为"正常"，选择画笔"硬圆压力不透明度和流量"与"柔边圆压力不透明度"，将不透明度调整为100%
- 用白色画出上半身暗纹

step 17:

- 新建一个图层，设置模式为"正常"，选择画笔"硬圆压力不透明度和流量"与"柔边圆压力不透明度"，将不透明度调整为100%
- 用白色把较窄的荷叶边结构刻画出来

step 18:

- 新建一个图层，设置模式为"正常"，选择画笔"硬边圆压力大小"与"柔边圆压力不透明度"，将不透明度调整为100%，用白色画出腰带处的蕾丝装饰
- 新建一个图层，设置模式为"正常"，选择画笔"硬圆压力不透明度和流量"，将不透明度调整为100%
- 用白色调整裙子的亮面，适当用较实的灰色调整暗面

step 19:

- 新建一个图层，设置模式为"正常"，选择画笔"硬圆压力不透明度和流量"，将不透明度设置在80%左右
- 用白色提亮鞋的亮面

step 20:

- 新建一个图层，设置模式为"正片叠底"，选择画笔"硬圆压力不透明度和流量"，将不透明度设置在80%左右，画出胸部内搭的底色
- 新建一个图层，设置模式为"正常"，选择画笔"硬圆压力不透明度和流量"，将不透明度调整为100%，用较实的颜色强调出明暗对比
- 新建一个图层，设置模式为"正片叠底"，选择画笔"硬圆压力不透明度和流量"，将不透明度设置在80%左右
- 用较深的带有金属感的颜色画出内搭的阴影，整体调色

step 21:

- 新建一个图层，设置模式为"正常"，选择画笔"硬圆压力不透明度和流量"，将不透明度设置在80%左右
- 详细刻画出男演员的面部、手部及头发
- 适当调整画笔的粗细度和笔触模式勾画细节

step 22:

- 新建一个图层，设置模式为"正常"，选择画笔"硬圆压力不透明度和流量"，将不透明度设置在80%左右
- 用深浅不同的灰色画出面具底色，在暗部适当加入一些暖灰色反光

step 24:

- 对调整好的图片进行复制粘贴，把所有需要格纹面料的部分全部覆盖住
- 将所有图片按照前文中提到过的方法全部拼合成一个图层，根据画面感觉调整图层模式到最接近实际效果的样子
- 擦掉不需要的部分，效果如图，此图层模式选择"正片叠底"

step 23:

- 找到一张格纹面料图片作为素材，点击上方工具栏"图像—调整"，将图片素材调整成需要的颜色

step 25:

- 新建一个图层，设置模式为"正常"，选择画笔"硬圆压力不透明度和流量"，将不透明度设置在60%左右
- 用黑色及灰色调整铺过格纹面料的服装的明暗关系

step 26:

- 新建一个图层，设置模式为"正片叠底"，选择画笔"硬圆压力不透明度和流量"，将不透明度设置在60%左右
- 用黑色画出马甲、领部及袖口的底色
- 新建一个图层，设置模式为"正常"，选择画笔"硬圆压力不透明度和流量"，将不透明度设置在60%左右
- 用黑色及浅灰色强调各部分的明暗关系

step 27:

- 新建一个图层，设置模式为"正片叠底"，选择画笔"硬圆压力不透明度和流量"，将不透明度设置在100%，用暖灰色画出领结的底色
- 新建一个图层，设置模式为"正常"，选择画笔"硬圆压力不透明度和流量"，将不透明度设置在80%左右，用白色和暖灰色强调领结的明暗关系
- 新建一个图层，将不透明度设置在60%左右
- 用白色及灰色画出衬衫的细节，用深浅不同的冷灰色画出扣子

step 28:

- 新建一个图层，设置模式为"正常"，选择画笔"硬圆压力不透明度和流量"，将不透明度设置在80%左右
- 用黑色和灰色画出鞋子的底色
- 调整成较细的画笔，用较浅的灰色及白色点缀高光

step 29:

- 在黑色背景层上方新建一个图层，设置模式为"正常"，选择一种边缘较为虚化的画笔，将不透明度设置在30%左右
- 用宝蓝色、浅灰色及灰粉色淡淡画出背景烟雾的感觉，强调上方斜射的灯光

step 30:

- 在所有图层最上方新建一个图层，设置模式为"正常"，保持上方画笔模式不变，用白色在两个人物前面增加一些烟雾感，并适当加入一些淡淡的橘色烟雾
- 用橘色和灰蓝色在背景里加入少量烛光，烛芯用更浅、更实一些的颜色

MASTERYUE

轮
LUNHUI
回
metempsychosis
2012.3

凤凰

云雀

小猴

古卡

鹦鹉

黑龙

百鸟衣